Alisher Rahimzoda

Fórmulas assintóticas no problema de Esterman

Alisher Rahimzoda

Fórmulas assintóticas no problema de Esterman

Quarto grau com termos quase iguais

ScienciaScripts

Imprint

Any brand names and product names mentioned in this book are subject to trademark, brand or patent protection and are trademarks or registered trademarks of their respective holders. The use of brand names, product names, common names, trade names, product descriptions etc. even without a particular marking in this work is in no way to be construed to mean that such names may be regarded as unrestricted in respect of trademark and brand protection legislation and could thus be used by anyone.

Cover image: www.ingimage.com

This book is a translation from the original published under ISBN 978-620-7-81055-0.

Publisher:
Sciencia Scripts
is a trademark of
Dodo Books Indian Ocean Ltd. and OmniScriptum S.R.L publishing group

120 High Road, East Finchley, London, N2 9ED, United Kingdom
Str. Armeneasca 28/1, office 1, Chisinau MD-2012, Republic of Moldova, Europe
Printed at: see last page
ISBN: 978-620-7-92263-5

Instituto de Matemática com o nome A. Dzhuraeva

Academia Nacional de Ciências do Tajiquistão

RAHIMZODA ALISHER ORZU

FÓRMULA ASSINTÓTICA NO PROBLEMA DE ESTERMAN QUARTO GRAU COM TERMOS QUASE IGUAIS

Duchambé - 2024

ÍNDICE

<u>**Designações**</u>

$$e(\alpha) = e^{2\pi i \alpha} = \cos 2\pi\alpha + i\sin 2\pi\alpha.$$

Quando referenciados, teoremas, lemas e fórmulas são numerados com três índices: número do capítulo, número do parágrafo, número da afirmação.

$c, c_1, c_2, \cdots,-$ constantes positivas, nem sempre iguais.

$\varepsilon-$ constantes positivas arbitrariamente pequenas.

$\varphi(q)-$ Função de Euler.

$\mu(n)-$ Função de Möbius.

$\Lambda(n)-$ Função Mangoldt.

$\tau(n)-$ o número de divisores do número n.

$\tau_r(n)-$ número de soluções da equação $x_1 x_2 \ldots x_r = n$ em números naturais $x_1, x_2, \ldots, x_r$.

A entrada $A \asymp B$ significa isso $c_1 A \leq B \leq c_2 A$.

Quando positiva, A a notação $B = O(A)$ ou $B \ll A$ significa que existe $c > 0$ tal que $|B| \leq cA$.

$(a, b)-$ o máximo divisor comum de números a e b.

$[x]-$ a parte inteira do número x.

$\{x\}-$ parte fracionária do número x.

$\| x \| = \min(\{x\}, 1 - \{x\}) -$ distância até o número inteiro mais próximo.

$\mathcal{L} = \ln xq.$

Introdução

Este trabalho é um estudo em teoria analítica dos números, relacionada ao campo da teoria das somas trigonométricas curtas, e suas aplicações a problemas aditivos clássicos com condições mais rigorosas, ou seja, quando os termos são quase iguais. Historicamente, os primeiros exemplos de estudo de tais problemas foram os seguintes estudos:

• Pequenas somas trigonométricas que surgem ao resolver problemas aditivos com termos quase iguais foram estudadas pela primeira vez por I.M. Vinogradov [1]. É a primeira vez que se faz uma soma trigonométrica linear curta com números primos, ou seja, para somas da forma:

$$S_k(\alpha; x, y) = \sum_{x-y < n \leq x} \Lambda(n)e(\alpha n^k), \qquad \alpha = \frac{a}{q} + \lambda, \qquad |\lambda|$$

$$\leq \frac{1}{q\tau}, \qquad 1 \leq q \leq \tau,$$

pois $k = 1$, usando seu método de estimar somas com números primos, ele provou uma estimativa não trivial para

$$\exp(c(\ln\ln x)^2) \ll q \ll x^{1/3}, \qquad y > x^{2/3+\varepsilon}.$$

Então SB Haselgrove [2] obteve uma estimativa não trivial para a soma $S_1(\alpha; x, y)$, $y \geq x^\theta$, qé arbitrária, e provou uma fórmula assintótica para o problema ternário de Goldbach com termos quase iguais, ou seja, para o número de soluções da equação diofantina

$$N = p_1 + p_2 + p_3, \qquad\qquad (1)$$

com condições

$$\left|p_i - \frac{N}{3}\right| \leq H, \qquad H = N^{\theta+\varepsilon}, \qquad \theta = \frac{63}{64} + \varepsilon. \qquad (2)$$

Este foi o primeiro problema aditivo resolvido com termos quase iguais. Então V. Statulyavichus [3], J. Chaohua [4, 5, 6, 7], Pan Chen-dong e Pan Chen-biao [8], T. Zhang [9] substituíram o indicador θ por respectivamente

$$\frac{279}{308} + \varepsilon, \qquad \frac{91}{96} + \varepsilon, \qquad \frac{13}{17} + \varepsilon, \qquad \frac{2}{3} + \varepsilon, \qquad \frac{5}{8} + \varepsilon.$$

O melhor resultado neste problema pertence a J. Chaohua [10]. Ele provou que a equação diofantina (1) com condições (2) pode ser resolvida com o expoente

$$\theta = \frac{7}{12} + \varepsilon.$$

• T. Zhang e J. Liu [11, 12, 13, 14], tendo obtido uma estimativa não trivial para a soma $S_2(\alpha, x, y)$, provaram o teorema de Hua Luo Geng sobre a representabilidade de um número natural suficientemente grande N como $N \equiv 5 (mod 24)$ uma soma de cinco primos quadrados no caso em que esses termos são quase iguais. Eles mostraram que um número natural suficientemente grande N, $N \equiv 5 (mod 24)$ pode ser representado na forma

$$N = p_1^2 + \cdots + p_5^2, \qquad \left| p_j - \sqrt{\frac{N}{5}} \right| \leq H, \qquad H \geq N^{\frac{11}{23}+\varepsilon}.$$

T. Zhang e J. Liu [13], usando a estimativa resultante para a soma $S_2(\alpha, x, y)$, também mostraram que um número natural suficientemente grande N pode ser representado na forma $N = p_1 + p_2 + p_3^2$ com as condições

$$\left| p_i - \frac{N}{3} \right| \leq H, \qquad i = 1,2, \qquad \left| p_3^2 - \frac{N}{3} \right| \leq H, \qquad H \geq N^{\frac{11}{23}+\varepsilon}.$$

• Em 1938, Hua [15], considerando o problema de Waring-Goldbach para cubos, provou que todos os números naturais ímpares suficientemente grandes são a soma de nove cubos de números primos. A.V. Kumchev [16] obteve uma estimativa não trivial para a soma $S_k(\alpha; x, y)$em pequenos arcos $\mathfrak{m}(P)$para $y \geq x^{\theta+\varepsilon}$, $\theta = 1 - \frac{1}{2k+3}$e $\tau = x^{1+2\theta}P^{-1}$. Eu sou Yao. [17], usando a estimativa de Kumchev, provaram que qualquer número natural ímpar suficientemente grande Npode ser representado na forma

$$p_1^3 + p_2^3 + \cdots + p_9^3 = N, \qquad \left| p_i - \sqrt[3]{\frac{N}{9}} \right| \leq N^{\frac{1}{3}-\frac{1}{51}+\varepsilon}.$$

• Somas trigonométricas curtas de G. Weyl da forma

$$T(\alpha, x, y) = \sum_{x-y<m\leq x} e(\alpha m^n),$$

em $n = 2,3,4$arcos longos, foram estudados em [18, 19, 20, 21, 22]. Esses resultados foram aplicados na derivação de fórmulas assintóticas nos seguintes problemas aditivos com termos quase iguais:

no problema de Esterman [18, 23] sobre a representação de um número natural $N > N_0$na forma $p_1 + p_2 + m^2 = N$, p_1e $p_2$são números primos, $m > 0$é um número inteiro, com as condições

$$\left| p_i - \frac{N}{3} \right| \leq H; \qquad i = 1,2, \qquad \left| m^2 - \frac{N}{3} \right| \leq$$

$$H, \qquad H \geq N^{\frac{3}{4}}\ln^2 N;$$

no problema cúbico de Esterman [20, 24] sobre a representação de um número natural $N > N_0$na forma $p_1 + p_2 + m^3 = N$, p_1e $p_2$são números primos, $m > 0$é um número inteiro, com as condições

$$\left| p_i - \frac{N}{3} \right| \leq H; \qquad i = 1,2, \qquad \left| m^3 - \frac{N}{3} \right| \leq$$

$$H, \qquad H \geq N^{\frac{5}{6}}\ln^3 N;$$

no problema de Waring para cubos [25] sobre a representação de um número natural $N > N_0$ na forma de nove cubos de números naturais x_i, $i = \overline{1,9}$ com as condições

$$\left| x_i - \left(\frac{N}{9}\right)^{\frac{1}{3}} \right| \leq H, \qquad H \geq N^{\frac{1}{3}-\frac{1}{30}+\varepsilon};$$

no problema de Waring para quartas potências [26] sobre a representação de um número natural $N > N_0$ como uma soma de dezessete quartas potências de números naturais x_i, $i = \overline{1,17}$ com as condições

$$\left| x_i - \left(\frac{N}{17}\right)^{\frac{1}{4}} \right| \leq H, \qquad H \geq N^{\frac{1}{4}-\frac{1}{108}+\varepsilon};$$

no problema de Waring para quintas potências [27] sobre a representação de um número natural $N > N_0$ como uma soma de 33 quintas potências de números naturais x_i, $i = \overline{1,33}$ com as condições

$$\left| x_i - \left(\frac{N}{33}\right)^{\frac{1}{5}} \right| \leq H, \qquad H \geq N^{\frac{1}{5}-\frac{1}{340}+\varepsilon}.$$

• S.Yu.Fatkina [28] provou uma fórmula assintótica para o número de soluções da equação Diofantina $N = p_1 + p_2 + [\sqrt{2}p_3]$ em números primos p_1, p_2, p_3, com as condições

$$\left| p_i - \frac{N}{3} \right| \leq H, \qquad i = 1,2, \qquad \left| [\sqrt{2}p_3] - \frac{N}{3} \right| \leq H, \qquad H \geq$$

$$N^{\frac{5}{8}}\ln^c N.$$

• P.Z. Rakhmonov [29, 30] $y \gg \sqrt{x}$ obteve uma estimativa de parâmetro uniforme c para somas trigonométricas curtas com uma potência não inteira de um número natural da forma

$$S_c(\alpha; x, y) = \sum_{x-y<n\leq x} e(\alpha[n^c]),$$

e provou uma fórmula assintótica em uma generalização do problema ternário de Esterman para potências não inteiras com termos quase iguais na representação de um número natural suficientemente grande na forma $p_1 + p_2 + [n^c] = N$ de números primos p_1, p_2 e um número natural n, com condições para

$$\left|p_i - \frac{N}{3}\right| \leq H, \qquad i = 1,2, \qquad \left|[n^c] - \frac{N}{3}\right| \leq H, \qquad H \geq$$

$$N^{1-\frac{1}{2c}}\ln^2 N.$$

A relevância e oportunidade desta monografia são determinadas pelo fato de que ela

• foi estudado o comportamento de somas trigonométricas curtas de G. Weyl da forma

$$T(\alpha, x, y) = \sum_{x-y<m\leq x} e(\alpha m^n),$$

em grandes arcos;

• os resultados obtidos permitiram encontrar uma fórmula assintótica para o número de representações de um número natural suficientemente grande na forma de uma soma de três termos quase iguais, dois dos quais são números primos e o terceiro é a quarta potência de o número natural.

Ressalta-se que a sequência em questão é mais rara que as citadas acima.

Objetivo do trabalho.

O objetivo do trabalho é estudar o comportamento de somas trigonométricas curtas de Weyl em arcos grandes, estimar tais somas de quarta ordem em arcos pequenos e suas aplicações à derivação da fórmula assintótica no problema de Esterman de quarto grau com termos quase iguais.

Métodos de pesquisa

O grau de validade dos resultados científicos obtidos na dissertação é confirmado por rigorosas provas matemáticas obtidas como resultado da aplicação de métodos modernos de teoria analítica dos números, nomeadamente:

• método de estimação de somas trigonométricas especiais e integrais de van der Corput usando a fórmula de soma de Poisson, estimando integrais trigonométricas pela magnitude do módulo das derivadas, estimando as somas racionais completas de Hua Lo-ken;

• Método de G. Weyl para estimar somas trigonométricas;

• o método circular de Hardy, Littlewood e Ramanujan na forma de somas trigonométricas de I.M. Vinogradova.

Novidade científica .

Os principais resultados da tese são novos, são apoiados por evidências detalhadas e são os seguintes:

foi estudado o comportamento de somas trigonométricas curtas de G. Weyl em grandes arcos;

• foi encontrada uma estimativa não trivial para somas trigonométricas curtas de Weyl de quarta ordem em pequenos arcos;

• foi comprovada uma fórmula assintótica para o número de

representações de um número natural suficientemente grande na forma de uma soma de três termos quase iguais, dois dos quais são números primos e o terceiro é a quarta potência do número natural.

Valor teórico e prático

A monografia é de natureza teórica. Seus resultados e a metodologia para obtê-los podem ser utilizados por especialistas na área de teoria analítica dos números.

Estrutura e escopo ëdo trabalho. O trabalho é composto por uma introdução, dois capítulos divididos em parágrafos. O volume total do trabalho é de 57 páginas. A lista da literatura citada inclui 53 títulos.

Breve resumo do trabalho

A monografia é composta por uma introdução e dois capítulos. A introdução do trabalho contém uma visão geral dos resultados relacionados ao tema do trabalho, e também formula os principais resultados nele obtidos.

O primeiro parágrafo do primeiro capítulo é de caráter auxiliar, onde são apresentados lemas bem conhecidos que serão utilizados nos parágrafos subsequentes.

R. Vaughn [31], estudando somas da forma de G. Weyl

$$T(\alpha, x) = \sum_{m \leq x} e(\alpha m^n), \qquad \alpha = \frac{a}{q} + \lambda, \ q \leq$$

$$\tau, \qquad (a, q) = 1, \ |\lambda| \leq \frac{1}{q\tau},$$

em grandes arcos o método Van der Corput provou:

$$T(\alpha, x) = \frac{S(a,q)}{q} \int_0^x e(\lambda t^n) dt + O\left(q^{\frac{1}{2}+\varepsilon}(1 + x^n|\lambda|)^{\frac{1}{2}}\right).$$

Desde que α seja muito bem aproximado por um número racional com denominador q, ou seja, quando a condição for atendida

$$|\lambda| \leq \frac{1}{2nqx^{n-1}},$$

ele também provou:

$$T(\alpha, x) = \frac{x}{q} \frac{S(a,q)}{q} \int_0^1 e(\lambda t^n) dt + O\left(q^{\frac{1}{2}+\varepsilon}\right).$$

Ao derivar fórmulas assintóticas em problemas aditivos com termos quase iguais, que incluem o problema de Waring, o problema de Esterman, o ponto principal, junto com o método circular de Hardy-Littlewood na versão de somas trigonométricas de IM Vinogradov, é também o comportamento de curto somas trigonométricas de G. Weil da forma

$$T(\alpha; x, y) = \sum_{x-y < m \leq x} e(\alpha m^n), \quad \alpha = \frac{a}{q} + \lambda, \qquad (a, q) = 1, \qquad q \leq \tau, \quad |\lambda| \leq \frac{1}{q\tau},$$

em grandes arcos e sua avaliação em pequenos arcos.

O comportamento $T(\alpha; x, y)$ em grandes arcos foi estudado no segundo parágrafo do primeiro capítulo e o resultado principal é **o Teorema 1.2,** em que a prova é simplificada e o teorema principal de [32, 33] é esclarecido.

Teorema 1.2. *Seja* $\tau \geq 2n(n-1)x^{n-2}y$ *e* $\lambda \geq 0$, *então, para* $\{n\lambda x^{n-1}\} \leq \frac{1}{2q}$, *a fórmula é válida*

$$T(\alpha, x, y) = \frac{S(a,q)}{q} T(\lambda; x, y) + O(q^{\frac{1}{2}+\varepsilon}),$$

e para $\{n\lambda x^{n-1}\} > \frac{1}{2q}$a estimativa

$$|T(\alpha,x,y)| \ll q^{1-\frac{1}{n}}\ln q + \min_{2\leq k\leq n} (yq^{-\frac{1}{n}}, \lambda^{-\frac{1}{k}}x^{1-\frac{n}{k}}q^{-\frac{1}{n}}).$$

Corolário 1.2. *Seja* $\tau \geq 2n(n-1)x^{n-2}y$, $|\lambda| \leq \frac{1}{2nqx^{n-1}}$, *então a* relação é válida

$$T(\alpha,x,y) = \frac{y}{q}S(a,q)\gamma(\lambda;x,y) + O(q^{\frac{1}{2}+\varepsilon}).$$

Corolário 1.3. *Seja* $\tau \geq 2n(n-1)x^{n-2}y$, $\frac{1}{2nqx^{n-1}} < |\lambda| \leq \frac{1}{q\tau}$, *então a estimativa é válida*

$$T(\alpha,x,y) \ll q^{1-\frac{1}{n}}\ln q + \min_{2\leq k\leq n} \left(yq^{-\frac{1}{n}}, x^{1-\frac{1}{k}}q^{\frac{1}{k}-\frac{1}{n}}\right).$$

Os corolários 1.2 e 1.3 são uma generalização dos resultados acima de R. Vaughn para somas trigonométricas curtas de G. Weyl $T(\alpha,x,y)$.

A prova do Teorema 2 é realizada pelo método de estimativa de somas trigonométricas especiais de Van der Corput usando a fórmula de soma de Poisson [34], estimando integrais trigonométricas pela magnitude do módulo das derivadas [35] e estimando somas racionais completas devido a Hua Lo-ken [36].

No terceiro parágrafo do primeiro capítulo, uma estimativa não trivial para somas trigonométricas curtas de Weyl do $T(\alpha;x,y)$quarto grau foi encontrada em pequenos arcos.

Teorema 1.3. *Seja* $x \geq x_0 > 0$, $y_0 < y \leq 0{,}01x$, α *um número real*,

$$\left|\alpha - \frac{a}{q}\right| \leq \frac{1}{q^2}, \qquad\qquad (a,q) = 1.$$

Então a estimativa é válida

$$|T(\alpha; x, y)| \ll y \left(q^{-\frac{1}{16}} + y^{-\frac{1}{16}}\ln^{\frac{1}{16}}q + y^{-\frac{1}{4}}q^{\frac{1}{16}}\ln^{\frac{1}{16}}q \right) (\ln y)^{\frac{7}{16}}.$$

A prova do Teorema 1.3 baseia-se no seguinte lema, cuja prova por sua vez é realizada pelo método de G. Weyl.

Lema 1.3 . *Sejam x e y números reais*, $1 \le y < x$,

$$T(\alpha; x, y) = \sum_{x-y<m<x} e(\alpha m^4).$$

Então a relação se mantém

$$|T(\alpha; x, y)|^8 \le$$

$$2^{11}y^4 \sum_{0<k\le y} \sum_{0<r\le y-k} \sum_{0<t<y-k-r} \left| \sum_{x-y<m<x-k-r-t} e(24\alpha krtm) \right| + 2^{11}y^7.$$

Esterman [37] provou uma fórmula assintótica para o número de soluções da equação

$$p_1 + p_2 + m^2 = N, \quad (3)$$

onde p_1, p_2 são números primos, m é um número natural. Como observamos anteriormente em [18, 23], este problema foi estudado com condições mais rigorosas, nomeadamente, quando os termos são quase iguais, e uma fórmula assintótica foi derivada para o número de soluções (1.1) com as condições

$$\left| p_i - \frac{N}{3} \right| \le H; \qquad i = 1,2, \qquad \left| m^2 - \frac{N}{3} \right| \le H; \qquad H \ge$$

$N^{\frac{3}{4}}\ln^3 N.$

Além disso, em [20, 24], a fórmula assintótica é derivada para uma sequência mais rara com termos quase iguais, isto é, quando na equação (1.1) o quadrado de um natural m é substituído pelo seu cubo em $H \ge N^{\frac{5}{6}}\mathcal{L}^{10}$. No segundo capítulo, anexam-se os resultados dos capítulos anteriores, nomeadamente:

• Teorema 2.1. sobre o comportamento de somas trigonométricas curtas de G. Weyl $T(\alpha; x, y)$ em grandes arcos;

• Teorema 2.3. em uma estimativa não trivial para somas trigonométricas curtas de G. Weyl $T(\alpha; x, y)$ do quarto grau em pequenos arcos,

provamos o Teorema 1 sobre a fórmula assintótica para uma sequência ainda mais rara com termos quase iguais, ou seja, quando na equação (1.1) o quadrado do natural m é substituído pela quarta potência.

Teorema 2.1. *Seja N um número natural suficientemente grande, $I(N, H)$ seja o número de representações N pela soma de dois números primos p_1, p_2 e a quarta potência de um número natural m com as condições*

$$\left| p_i - \frac{N}{3} \right| \leq H, \qquad i = 1,2, \qquad \left| m^4 - \frac{N}{3} \right| \leq H,$$

$\rho(N, p)$ — número de soluções de comparação $x^4 \equiv N(\quad \bmod p)$. Então $H \geq N^{\frac{11}{12}} \mathcal{L}^{\frac{40}{3}}$ a fórmula assintótica é válida:

$$I(N, H) = \frac{\sqrt[4]{3}\,\mathfrak{S}(N)}{4\sqrt[4]{N^3}\mathcal{L}^2} \, H + O\left(\frac{H^2}{\sqrt[4]{N^3}\mathcal{L}^3} \right), \qquad \mathfrak{S} = \prod_p \left(1 + \frac{\rho(N,p)}{(p-1)^2} \right).$$

Corolário 2.1. *Existe tal coisa N_0 que todo número natural $N > N_0$ pode ser representado como a soma de dois números primos p_1 e p_2 a quarta potência de um número natural m com as condições*

$$\left| p_i - \frac{N}{3} \right| \leq N^{\frac{11}{12}} \mathcal{L}^{\frac{40}{3}}, \qquad i = 1,2,$$

$$\left| m - \sqrt[4]{\frac{N}{3}} \right| \leq \frac{3 N^{\frac{1}{6}}\mathcal{L}^{\frac{40}{3}}}{4\sqrt[4]{3}} + \frac{27 N^{\frac{1}{12}}\mathcal{L}^{\frac{80}{3}}}{32\sqrt[4]{3}} + \frac{189\mathcal{L}^{40}}{128\sqrt[4]{3}} + 0{,}9.$$

O teorema 1 é provado pelo método circular de Hardy, Littlewood, Ramanujan na forma de somas trigonométricas por I.M. Vinogradova. Sua base, como já observado, são os corolários 2, 2 do Teorema 2.1. e Teorema 2.3.

Capítulo 1. Somas trigonométricas curtas de G. Weyl

1.1. Lemas Auxiliares

Sejam H e y inteiros arbitrários $H \geq 1$,. Então a relação é verdadeira

$$\sum_{x=y+1}^{y+H} e(\alpha x) \leq \min\left(H, \frac{1}{2\|\alpha\|}\right), \qquad \| \alpha \| = \min\{\alpha, 1 - \alpha\}.$$

Para a prova, veja [38].

Deixar

$$\alpha = \frac{a}{q} + \frac{\theta}{q^2}, \qquad (a, q) = 1, \qquad q \geq 1, \qquad |\theta| \leq 1.$$

Então para β, $U > 0$, $P > 1$ temos

$$\sum_{x=1}^{P} \min\left(U, \frac{1}{\|\alpha x + \beta\|}\right) \leq 6\left(\frac{P}{q} + 1\right)(U + q\ln q).$$

Para a prova, veja [38].

Quando $x \geq 2$ tivermos

$$\sum_{n \leq x} \tau_r^2(n) \ll x(\ln x)^{r^2 - 1}$$

Para prova, veja [39]

Seja $f(u)$ uma função real, $f''(u) > 0$ no intervalo $[a, b]$,,,, β números α arbitrários com as $\alpha \leq f'(a) \leq f'(b) \leq \beta$ condições ε e $0 < \varepsilon \leq 1$. Então

$$\sum_{a < n \leq b} e(f(n)) = \sum_{\alpha - \varepsilon < h \leq \beta + \varepsilon} \int_a^b e(f(u) - hu)du + O(\varepsilon^{-1} +$$

$\ln(\beta - \alpha + 2))$,

onde a constante em sinal O é absoluta.

Para a prova, veja [34].

Seja $(a, q) = 1$, q um número natural b e um número inteiro arbitrário. Então nós temos

$$S_b(a,q) = \sum_{k=1}^{q} e\left(\frac{ak^n + bk}{q}\right) \ll q^{1/2+\varepsilon}(b,q).$$

Para a prova, veja [36].

Deixe a função real $f(u)$e a função monótona $g(u)$satisfazerem as condições: $f'(u)$ - monótona $|f'(u)| \geq m > 0$ e $|g(u)| \leq M$. Então a seguinte estimativa é válida:

$$\int_a^b g(u)e(f(u))du \ll \frac{M}{m}.$$

Para prova, veja [1].

Deixe para $a \leq u \leq b$uma função real $f(u)$ter uma derivada $n$de ordem ($n > 1$), e para alguns $A > 0$a desigualdade é válida $A \leq |f^{(n)}(u)|$. Então a estimativa é válida

$$\int_a^b e(f(u))du \leq \min(b - a, 6nA^{-\frac{1}{n}}).$$

Para a prova, veja [35].

Seja $n \geq 3$um número inteiro e $f(t) = a_n t^n + a_{n-1}t^{n-1} + \cdots + a_1 t$seja um polinômio com coeficientes inteiros, $(a_n, \ldots, a_1, q) = 1$e $q$seja um número natural. Então nós temos

$$|S(q,f(t))| = \left|\sum_{k=1}^{q} e\left(\frac{f(k)}{q}\right)\right| \leq c(n)q^{1-\frac{1}{n}},$$

Onde

$$c(n) = \begin{cases} \exp(4n), & \text{при} \quad n \geq \quad 10; \\ \exp(n(A(n)), & \text{при} \quad 3 \leq \quad n \leq \quad 9. \end{cases}$$

$$A(3) = 6{,}1, \qquad A(4) = 5{,}5, \qquad A(5) = 5, \qquad A(6) = 4{,}7,$$

$$A(7) = 4{,}4, \qquad A(8) = 4.2, \qquad A(9) = 4{,}05.$$

Para a prova, veja [35].

1.2. Comportamento de somas trigonométricas curtas de G. Weyl em grandes arcos.

R. Vaughn [31] estudando somas da forma de G. Weyl

$$T(\alpha, x) = \sum_{m \le x} e(\alpha m^n), \qquad \alpha = \frac{a}{q} + \lambda, \qquad q \le$$

$$\tau, \qquad (a, q) = 1, \qquad |\lambda| \le \frac{1}{q\tau},$$

em grandes arcos usando a estimativa

$$S_b(a, q) = \sum_{k=1}^{q} e\left(\frac{ak^n + bk}{q}\right) \ll q^{\frac{1}{2} + \varepsilon}(b, q), \qquad (2.1)$$

pertencente a Hua Lo-ken [36], usando o método Van der Corput ele provou:

$$T(\alpha, x) = \frac{S(a,q)}{q} \int_0^x e(\lambda t^n) dt + O\left(q^{\frac{1}{2} + \varepsilon}(1 + x^n |\lambda|)^{\frac{1}{2}}\right). \qquad S(a, q) = S_0(a, q),$$

Desde que α seja muito bem aproximado por um número racional com denominador q, ou seja, quando a condição for atendida

$$|\lambda| \le \frac{1}{2nqx^{n-1}},$$

ele também provou:

$$T(\alpha, x) = \frac{x}{q} \frac{S(a,q)}{q} \int_0^1 e(\lambda t^n) dt + O\left(q^{\frac{1}{2} + \varepsilon}\right).$$

Ele usou essas estimativas para derivar a fórmula assintótica no problema de Waring para oito cubos [40].

Somas trigonométricas curtas de G. Weyl da forma

$$T(\alpha; x, y) = \sum_{x - y < m \le x} e(\alpha m^n), \qquad \alpha = \frac{a}{q} + \lambda, \ q \le$$

$$\tau, \qquad (a, q) = 1, |\lambda| \le \frac{1}{q\tau}, \qquad\qquad (2.2)$$

resultantes da $T(\alpha, x)$ substituição das condições $m \le x$ pela condição $x - y < m \le x$, em grandes arcos $n = 2,3,4$ foram estudados em [18, 19, 21, 20, 22] e aplicados na derivação de fórmulas assintóticas com termos quase iguais no problema de Waring (para cubos e quartas potências) em [25, 26] e o problema cúbico de Esterman em [24, 20]. Então, para uma $n$soma fixa arbitrária, $T(\alpha; x, y)$foi estudado em [32, 33]. O principal resultado deste trabalho é simplificar a prova e esclarecer o teorema principal de [32, 33].

Seja $\tau \geq 2n(n-1)x^{n-2}y$e $\lambda \geq 0$, então, quando $\{n\lambda x^{n-1}\} \leq \frac{1}{2q}$a fórmula for válida

$$T(\alpha, x, y) = \frac{S(a,q)}{q}T(\lambda; x, y) + O(q^{\frac{1}{2}+\varepsilon}),$$

e para $\{n\lambda x^{n-1}\} > \frac{1}{2q}$a estimativa

$$|T(\alpha, x, y)| \ll q^{1-\frac{1}{n}}\ln q + \min_{2\leq k\leq n}(yq^{-\frac{1}{n}}, \lambda^{-\frac{1}{k}}x^{1-\frac{n}{k}}q^{-\frac{1}{n}}).$$

Seja $\tau \geq 2n(n-1)x^{n-2}y$, $|\lambda| \leq \frac{1}{2nqx^{n-1}}$, então a relação é válida

$$T(\alpha, x, y) = \frac{y}{q}S(a, q)\gamma(\lambda; x, y) + O(q^{\frac{1}{2}+\varepsilon}),$$

$$\gamma(\lambda; x, y) = \int_{-0,5}^{0,5} e\left(\lambda\left(x - \frac{y}{2} + yt\right)^n\right) dt.$$

Seja $\tau \geq 2n(n-1)x^{n-2}y$, $\frac{1}{2nqx^{n-1}} < |\lambda| \leq \frac{1}{q\tau}$, então a estimativa é válida

$$T(\alpha, x, y) \ll q^{1-\frac{1}{n}}\ln q + \min_{2\leq k\leq n}\left(yq^{-\frac{1}{n}}, x^{1-\frac{1}{k}}q^{\frac{1}{k}-\frac{1}{n}}\right).$$

Corolários 2.1. e 2.2. são uma generalização dos resultados de R. Vaughn [31] para somas trigonométricas curtas $T(\alpha; x, y)$da forma (2.2.) de G. Weyl.

Prova do Teorema 2.1. é realizado pelo método de estimativa de somas trigonométricas especiais de Van der Corput usando a fórmula de soma de Poisson [34], estimativa de integrais trigonométricas pela magnitude do módulo de derivadas [35] e estimativa de somas racionais completas (2.2.)

devido a Hua Lo-ken [36].

Prova do Teorema 2.1. Usando a propriedade ortogonal da soma trigonométrica racional linear completa, encontramos

$$T(\alpha; x, y) = \sum_{x-y < m \leq x} e\left(\frac{ak^n}{q} + \lambda m^n\right) \sum_{\substack{k=1 \\ k \equiv m(mod q)}}^{q} 1 =$$

$$= \sum_{k=1}^{q} e\left(\frac{ak^n}{q}\right) \sum_{\substack{x-y < m \leq x \\ m \equiv k(mod q)}} e(\lambda m^n) =$$

$$= \sum_{k=1}^{q} e\left(\frac{ak^n}{q}\right) \sum_{x-y < m \leq x} e(\lambda m^n) \frac{1}{q} \sum_{b=1}^{q} e\left(\frac{b(k-m)}{q}\right) =$$

$$= \frac{1}{q} \sum_{b=1}^{q} T_b(\lambda; x, y) S_b(a, q), \tag{2.3}$$

Onde

$$T_b(\lambda; x, y) = \sum_{x-y < m \leq x} e\left(\lambda m^n - \frac{bm}{q}\right), \qquad T(\lambda; x, y) =$$

$T_0(\lambda; x, y)$,

$$S_b(a, q) = \sum_{k=1}^{q} e\left(\frac{ak^n + bk}{q}\right), \qquad S(a, q) = S_0(a, q).$$

Denotemos $R(\alpha; x, y)$ pela parte da soma $T(\alpha; x, y)$ que é determinada pela relação (??), na qual não há termo em $b = q$, ou seja

$$R(\alpha; x, y) = \frac{1}{q} \sum_{b=1}^{q-1} T_b(\lambda; x, y) S_b(a, q). \tag{2.4}$$

Tendo em mente que $n\lambda x^{n-1} - \{n\lambda x^{n-1}\}$ é um número inteiro, representamos $T_b(\lambda; x, y)$ na forma

$$T_b(\lambda; x, y) = \sum_{x-y < m \leq x} e(f(m, b)),$$

$$f(u, b) = \lambda u^n - (n\lambda x^{n-1} - \{n\lambda x^{n-1}\})u - \frac{bu}{q}.$$

Encontramos as derivadas de primeira e segunda ordem da função $f(u, b)$:

$$f'(u, b) = n\lambda(u^{n-1} - x^{n-1}) + \{n\lambda x^{n-1}\} - \frac{b}{q},$$

$$f''(u,b) = n(n-1)\lambda u^{n-2} \geq 0.$$

Consequentemente, a função $f'(u,b)$, $u \in (x-y,x]$ não é decrescente, portanto, para todo $u \in [x-y,x)$ e qualquer b, $b = 1,2,\ldots,q$ a desigualdade é válida

$$f'(x-y,b) < f'(u,b) \leq f'(x,b). \qquad (2.5)$$

Estimando $f'(x,b)$ acima, temos:

$$f'(x,b) = \{n\lambda x^{n-1}\} - \frac{b}{q} < 1 - \frac{b}{q}, \qquad (2.6)$$

Para estimar a partir de baixo, $f'(x-y,b)$ usamos a representação

$$f'(x-y,b) = -n\lambda(x^{n-1} - (x-y)^{n-1}) + \{n\lambda x^{n-1}\} - \frac{b}{q} =$$

$$= n\lambda \sum_{k=1}^{n-1} (-1)^k C_{n-1}^k x^{n-1-k} y^k + \{n\lambda x^{n-1}\} - \frac{b}{q} =$$

$$= -n(n-1)\lambda x^{n-2} y + n\lambda \sum_{k=2}^{n-1} (-1)^k C_{n-1}^k x^{n-1-k} y^k + \{n\lambda x^{n-1}\} - \frac{b}{q}.$$

Usando monotonicidade $f'(u,b)$, condição $\tau \geq 2n(n-1)x^{n-2}y$ e desigualdade

$$W = \sum_{k=2}^{n-1} (-1)^k C_{n-1}^k x^{n-1-k} y^k \geq 0, \qquad n \geq 3, \qquad 3x \geq (n-3)y,$$

Nós temos

$$f'(u,b) \leq f'(x,b) = \{n\lambda x^{n-1}\} - \frac{b}{q} < 1,$$

$$f'(u,b) \geq f'(x-y,b) = -n(n-1)\lambda x^{n-2} y + n\lambda \; W + \{n\lambda x^{n-1}\} - \frac{b}{q} \geq$$

$$\geq -n(n-1)\lambda x^{n-2}y - \frac{b}{q} \geq -\frac{n(n-1)x^{n-2}y}{q\tau} - \frac{b}{q} \geq -1 + \frac{1}{2q}.$$

Portanto, aplicando a fórmula $T_b(\lambda; x, y)$ de $\varepsilon = 0{,}5$ soma de Poisson à soma (Lema 1) para $\alpha = -1,\,,\,,\, \beta = 1$ obtemos

$$T_b(\lambda; x, y) = I(-1, b) + I(0, b) + I(1, b) + O(1), \qquad (2.7)$$

$$I(h, b) = \int_{x-y}^{x} e(f_h(u, b))du, \qquad f_h(u, b) = f(u, b) - hu.$$

Função

$$f'_h(u, b) = n\lambda(u^{n-1} - x^{n-1}) + \{n\lambda x^{n-1}\} - \frac{b}{q} - h$$

no intervalo $u \in [x - y, x]$ é uma função não decrescente, portanto

$$f'_h(x - y, b) \leq f'_h(u, b) \leq f'_h(x, b),$$

que pode ser representado como

$$\{n\lambda x^{n-1}\} - \frac{b}{q} - h - \eta < f'_h(u, b) \leq \{n\lambda x^{n-1}\} - \frac{b}{q} - h, (2.8)$$

$$\eta = n(n-1)\lambda x^{n-2}y - n\lambda W \leq n(n-1)\lambda x^{n-2}y \leq$$

$$\frac{n(n-1)x^{n-2}y}{q\tau} \leq \frac{1}{2q}.$$

A seguir, substituindo (??) em (??) e (??), encontramos

$$+T_0 + T_1 + O()T(\alpha; x, y) = T_{-1} + T_0 + T_1 +$$

$$O\left(\frac{1}{q}\sum_{b=0}^{q-1} |S_b(a, q)|\right), \qquad (2.9)$$

$$+R_0 + R_1 + O()R(\alpha; x, y) = R_{-1} + R_0 + R_1 +$$

$$O\left(\frac{1}{q}\sum_{b=1}^{q-1} |S_b(a, q)|\right), \qquad (2.10)$$

$$T_h = \frac{1}{q}\sum_{b=0}^{q-1} I(h, b)S_b(a, q),$$

$$R_h = \frac{1}{q}\sum_{b=1}^{q-1} I(h,b)S_b(a,q).$$

Usando a estimativa (??), estimamos o termo restante:

$$\frac{1}{q}\sum_{b=1}^{q-1}|S_b(a,q)| \ll q^{-\frac{1}{2}+\varepsilon}\sum_{b=1}^{q-1}(b,q) =$$

$$q^{-\frac{1}{2}+\varepsilon}\sum_{\delta\backslash q}\delta\sum_{\substack{1\le b\le q-1\\(b,q)=\delta}} 1 \le q^{\frac{1}{2}+\varepsilon}\tau(q).$$

Avaliaremos cada valor T_h separadamente R_h.

Avaliação T_1 e R_1. Colocando $h = 1$ em (??), temos

$$f'_1(u,b) \le \{n\lambda x^{n-1}\} - \frac{b}{q} - 1 \le -\frac{b}{q} < 0.$$

Estimando a integral a partir do valor da primeira derivada (Lema 1), temos

$$|I(1,b)| = \left|\int_{x-y}^{x} e(f_1(u,b))du\right| \ll \frac{q}{b}.$$

Daqui e de (??), temos

$$R_1 = \frac{1}{q}\sum_{b=1}^{q-1} I(1,b)S_b(a,q) \ll \sum_{b=1}^{q-1}\frac{|S_b(a,q)|}{b} \ll q^{\frac{1}{2}+\varepsilon}\sum_{b=1}^{q-1}\frac{(b,q)}{b} \ll q^{\frac{1}{2}+2\varepsilon}.$$

No caso $b = 0$, usando a desigualdade

$$f_1^{(k)}(u,q) \ge n(n-1)\dots(n-k+1)\lambda(x-y)^{n-k} \gg$$

$\lambda x^{n-k}, \qquad k = 2,3,\dots,n,$

estimando a integral $I(1,0)$ pelo valor da k–ésima derivada (Lema 1), encontramos

$$|I(1,0)| \ll \min_{2\le k\le n}\left(y,\lambda^{-\frac{1}{k}}x^{1-\frac{n}{k}}\right).$$

A partir daqui, utilizando a estimativa $|S(a,q)| \ll q^{1-\frac{1}{n}}$ (Lema 1), tendo em conta a estimativa, R_1 obtemos

$$T_1 \le |R_1| + \frac{|I(1,0)||S(a,q)|}{q} \ll q^{\frac{1}{2}+2\varepsilon} +$$

$$\min_{2\le k\le n}\left(yq^{-\frac{1}{n}},\lambda^{-\frac{1}{k}}x^{1-\frac{n}{k}}q^{-\frac{1}{n}}\right).$$

Avaliação T_{-1} e R_{-1}. Colocando $h = -1$ em (??), temos

$$f'_{-1}(u,b) > \{n\lambda x^{n-1}\} + \frac{q-b}{q} - \eta \geq \frac{q-b}{q}.$$

a integral $I(-1,b)$ pelo valor da primeira derivada (Lema 1). Nós temos

$$|I(-1,b)| = \left|\int_{x-y}^{x} e(f_{-1}(u,b))du\right| \ll \frac{q}{q-b}.$$

A partir daqui, procedendo de forma semelhante ao caso de estimativa R_1, obtemos

$$R_{-1} = \sum_{b=1}^{q-1} \frac{I(-1,b)S_b(a,q)}{q} \ll \sum_{b=1}^{q-1} \frac{|S_b(a,q)|}{q-b} \ll$$

$$q^{\frac{1}{2}+\varepsilon} \sum_{b=1}^{q-1} \frac{(b,q)}{b} \ll q^{\frac{1}{2}+2\varepsilon}.$$

$$T_{-1} \leq |R_{-1}| + \frac{|I(-1,0)||S(a,q)|}{q} \ll q^{\frac{1}{2}+2\varepsilon} + \frac{|S_b(a,q)|}{q} \ll q^{\frac{1}{2}+2\varepsilon}.$$

Nota R_0. Se $\{n\lambda x^{n-1}\} \leq \frac{1}{2q}$, então, colocando $h = 0$(??), temos

$$f'_0(u,b) \leq \{n\lambda x^{n-1}\} - \frac{b}{q} \leq \frac{1-2b}{2q} \leq -\frac{b}{2q} < 0.$$

A integral $I(0,b)$, também estimada pelo valor da primeira derivada, encontramos

$$|I(0,b)| = \left|\int_{x-y}^{x} e(f_0(u,b))du\right| \ll \frac{q}{b}.$$

Procedendo de forma semelhante ao caso da estimativa R_1, obtemos

$$R_0 = \sum_{b=1}^{q-1} \frac{I(0,b)S_b(a,q)}{q} \ll \sum_{b=1}^{q-1} \frac{|S_b(a,q)|}{b} \ll q^{\frac{1}{2}+\varepsilon} \sum_{b=1}^{q-1} \frac{(b,q)}{b} \ll$$

$$q^{\frac{1}{2}+2\varepsilon}.$$

A partir daqui, a partir das estimativas R_1 e R_{-1} tendo em conta (??), obtemos o primeiro enunciado do teorema.

Nota T_0. Quando $\{n\lambda x^{n-1}\} \geq \frac{1}{2q}$, definimos um número natural r pela relação

$$\frac{r}{2q} \leq \{n\lambda x^{n-1}\} < \frac{r+1}{2q}, \qquad 1 \leq r \leq 2q-1.$$

A partir daqui, da desigualdade (??) com $h = 0$ e condições $\eta \leq \frac{1}{2q}$, encontramos

$$f'_0(u,b) > \{n\lambda x^{n-1}\} - \frac{b}{q} - \eta \geq \frac{r-2b-1}{2q}, \qquad (2.11)$$

$$f'_0(u,b) \leq \{n\lambda x^{n-1}\} - \frac{b}{q} < \frac{r-2b+1}{2q}. \qquad (2.12)$$

Seja $r = 2r_1$ par ($1 \leq r_1 \leq q - 1$). Dividimos o segmento $0 \leq b \leq q - 1$ de soma T_0 nos três conjuntos a seguir:

$$0 \leq b \leq r_1 - 1, \qquad\qquad b = r_1, \qquad\qquad r_1 + 1 \leq b \leq q - 1,$$

consequentemente, no primeiro dos quais o lado direito da desigualdade (??) é maior que zero, e no terceiro o lado direito da desigualdade (??) é menor que zero, ou seja

$$f'_0(u,b) > \frac{2r_1-2b-1}{2q} \geq \frac{r_1-b}{2q}, \qquad\qquad 0 \leq b \leq r_1 - 1,$$

$$f'_0(u,b) < \frac{2r_1-2b+1}{2q} \leq \frac{r_1-b}{2q}, \qquad\qquad r_1 + 1 \leq b \leq q - 1.$$

Usando essas desigualdades e estimando a integral $I(0,b)$ com base no valor da primeira derivada, encontramos

$$I(0,b) = \int_{x-y}^{x} e(f_0(u,b))du \ll \frac{q}{|r_1-b|}, \qquad b \neq r_1.$$

No caso $b = r_1$, estimando de forma semelhante à estimativa integral $I(1,0)$, encontramos

$$|I(0,r_1)| \ll \min_{2 \leq k \leq n} \left(y, \lambda^{-\frac{1}{k}} x^{1-\frac{n}{k}} \right).$$

Usando essas estimativas e a estimativa $|S(a,q)| \ll q^{1-\frac{1}{n}}$ (Lema 1), obtemos

$$T_0 = \sum_{b=0}^{q-1} \frac{I(0,b)S_b(a,q)}{q} \ll q^{-\frac{1}{n}} \left(\sum_{b=0,\,b \neq r_1}^{q-1} \frac{q}{|r_1-b|} + \right.$$

$$\left. \min_{2 \leq k \leq n} \left(y, \lambda^{-\frac{1}{k}} x^{1-\frac{n}{k}} \right) \right) \ll$$

$$\ll q^{1-\frac{1}{n}}\ln q + \min_{2 \leq k \leq n} \left(yq^{-\frac{1}{n}}, \lambda^{-\frac{1}{k}} x^{1-\frac{n}{k}} q^{-\frac{1}{n}} \right).$$

25

Sejamos agora $r = 2r_1 + 1$ ímpar ($0 \le r_1 \le q - 1$). Dividimos o segmento $0 \le b \le q - 1$ de soma R_0 nos três conjuntos a seguir:

$$0 \le b \le r_1 - 1, \qquad b = r_1, r_1 + 1, \qquad r_1 + 2 \le b \le q - 1,$$

portanto, no primeiro dos quais o lado direito da desigualdade (??) é maior que zero, e no terceiro, o lado direito da desigualdade (??) é menor que zero, ou seja

$$f'_0(u, b) > \frac{2r_1 + 1 - 2b - 1}{2q} = \frac{r_1 - b}{q}, \qquad 0 \le b \le r_1 - 1,$$

$$f'_0(u, b) < \frac{2r_1 + 1 - 2b + 1}{2q} \le \frac{r_1 - b}{2q}, \qquad r_1 + 2 \le b \le q - 1.$$

Por isso,

$$I(0, b) = \int_{x-y}^{x} e(f_0(u, b)) du \ll \frac{q}{|r_1 - b|}, \qquad b \ne r_1 - 1, r_1.$$

No caso $b = r_1 - 1, r_1$, procedendo de forma semelhante à estimativa anterior $I(0, r_1)$, encontramos

$$|I(0, b)| \ll \min_{2 \le k \le n} \left(y, \lambda^{-\frac{1}{k}} x^{1 - \frac{n}{k}} \right), \qquad b = r_1, \; r_1 + 1.$$

A partir dessas estimativas $I(0, b)$ obtemos

$$T_0 \le \frac{1}{q} \sum_{b=0}^{q-1} |I(0, b)| |S_b(a, q)| \ll$$

$$\ll q^{-\frac{1}{n}} \left(\sum_{\substack{b=0, \\ b \ne r_1, r_1 + 1}}^{q-1} \frac{q}{|r_1 - b|} + \min_{2 \le k \le n} \left(y, \lambda^{-\frac{1}{k}} x^{1 - \frac{n}{k}} \right) \right) \ll$$

$$\ll q^{1 - \frac{1}{n}} \ln q + \min_{2 \le k \le n} \left(y q^{-\frac{1}{n}}, \lambda^{-\frac{1}{k}} x^{1 - \frac{n}{k}} q^{-\frac{1}{n}} \right).$$

Substituindo estimativas por T_1 e T_{-1} em T_0 (??), obtemos a segunda afirmação do teorema.

Comente. O caso $\lambda < 0$ é reduzido ao caso $\lambda \ge 0$ se dermos à fórmula (??) a forma

$$\overline{T(\alpha; x, y)} = \frac{1}{q} \sum_{b=0}^{q-1} T_{q-b}(-\lambda; x, y) S_{q-b}(q - a, q) =$$

$$\frac{1}{q}\sum_{b=0}^{q-1} T_b(-\lambda; x, y)S_b(q - a, q).$$

1.3. Estimativa de somas trigonométricas curtas de G. Weyl de quarta ordem em pequenos arcos

Ao derivar fórmulas assintóticas em problemas aditivos com termos quase iguais, que incluem o problema de Waring e o problema de Esterman, o ponto principal, junto com o método circular de Hardy-Littlewood na versão de somas trigonométricas de IM Vinogradov, é também o comportamento de somas trigonométricas curtas de G. Weil da forma

$$T(\alpha; x, y) = \sum_{x-y<m\leq x} e(\alpha m^n), \quad \alpha = \frac{a}{q} + \lambda, \qquad (a, q) =$$

$1, \qquad q \leq \tau, \ |\lambda| \leq \frac{1}{q\tau},$

em grandes arcos e sua avaliação em pequenos arcos. O comportamento $T(\alpha; x, y)$ em grandes arcos foi estudado no parágrafo anterior. Nesta seção, usando o método de G. Weyl, encontraremos uma estimativa não trivial para a soma trigonométrica curta de Weyl de quarta ordem.

Sejam x e y números reais, $1 \leq y < x$,

$$T(\alpha; x, y) = \sum_{x-y<m<x} e(\alpha m^4).$$

Então a relação se mantém

$$|T(\alpha; x, y)|^8 \leq$$

$2^{11}y^4 \sum_{0<k\leq y} \sum_{0<r\leq y-k} \sum_{0<t<y-k-r} \left|\sum_{x-y<m<x-k-r-t} \right. \qquad \left. e(24\alpha krtm)\right| + 2^{11}y^7.$

Prova. Vamos transformar $|T(\alpha; x, y)|^2$. Nós temos

$$|T(\alpha; x, y)|^2 = \sum_{x-y<m,n\leq x} e(\alpha(m^4 - n^4)) =$$

$$= \sum_{x-y<m<n\leq x} e(\alpha(m^4 - n^4)) + \sum_{x-y<n<m\leq x} e(\alpha(m^4 -$$

$n^4)) + \sum_{x-y<m\leq x} 1 \leq$

$$\leq 2\left|\sum_{x-y<m<x} \quad \sum_{m<n\leq x} e(\alpha(n^4-m^4))\right| + y =$$

$$= 2\left|\sum_{x-y<m<x} \quad \sum_{0<k\leq x-m} e(\alpha((m+k)^4-m^4))\right| + y.$$

Portanto, usando a identidade

$$(m+k)^4-m^4 = kf_1(m)+k^4, \qquad f_1(m)=4m^3+$$

$6km^2+4k^2m,$

vamos encontrar

$$|T(\alpha;x,y)|^2 \leq$$

$$2\left|\sum_{0<k\leq y} e(\alpha k^4)\sum_{x-y<m\leq x-k} e(\alpha k f_1(m))\right| + y \leq$$

$$\leq 2\sum_{0<k\leq y} |W(k)| + y, \qquad W(k)=$$

$\sum_{x-y<m\leq x-k} e(\alpha k f_1(m)).$

Elevando ambos os lados da desigualdade resultante à quarta potência e, em seguida, usando a relação $(a+b)^2 \leq 2a^2+2b^2$ e a desigualdade de Cauchy duas vezes consecutivas, encontramos

$$|T(\alpha;x,y)|^8 \leq \left(2\sum_{0<k\leq y} |W(k)| + y\right)^4 \leq$$

$$\left(2^3\left(\sum_{0<k\leq y} |W(k)|\right)^2 + 2y^2\right)^2 \leq$$

$$\leq \left(2^3 y \sum_{0<k\leq y} |W(k)|^2 + 2y^2\right)^2 \leq$$

$$2^7 y^2\left(\sum_{0<k\leq y} |W(k)|^2\right)^2 + 2^3 y^4 \leq$$

$$\leq 2^7 y^3 \sum_{0<k\leq y} |W(k)|^4 + 2^3 y^4. \tag{3.1}$$

Vamos transformar $|W(k)|^2$. Nós temos

$$|W(k)|^2 = \sum_{x-y<m,n\leq x-k} e(\alpha k(f_1(n)-f_1(m))) \leq$$

$$\leq 2\left|\sum_{x-y<m\leq x-k} \quad \sum_{m<n\leq x-k} e(\alpha k(f_1(n)-f_1(m)))\right| +$$

$y =$

$$\leq 2\left|\sum_{x-y<m<x-k} \quad \sum_{0<r\leq x-k-m} e(\alpha k(f_1(m+r)-$$

$f_1(m)))\big| + y =$

$$= 2\left|\sum_{0<r\leq y-k} \quad \sum_{x-y<m<x-k-r} e(\alpha k(f_1(m+r)-$$

$f_1(m)))\big| + y.$

Aqui, usando a identidade

$$f_1(m + r) - f_1(m) = 4((m + r)^3 - m^3) + 6k((m + r)^2 - m^2) + 4k^2r =$$

$$= 4(3m^2r + 3mr^2 + r^3) + 6k(2mr + r^2) + 4k^2r =$$

$$= 12m^2r + 12m(kr + r^2) + 4k^2r + 6kr^2 + 4r^3 =$$

$$= 12rf_2(m) + 4k^2r + 6kr^2 + 4r^3,$$

$$f_2(m) = m^2 + m(k + r),$$

nós achamos

$$|W(k)|^2 \leq 2\left|\sum_{0<r\leq y-k} e(\alpha k(4k^2r + 6kr^2 + 4r^3)) \sum_{x-y<m<x-k-r} e(12\alpha krf_2(m))\right| + y \leq$$

$$\leq 2\sum_{0<r\leq y-k} |W(k,r)| + y, \tag{3.2}$$

$$W(k,r) = \sum_{x-y<m<x-k-r} e(12\alpha krf_2(m)).$$

A seguir, usando a identidade

$$f_2(m + t) - f_2(m) = (m + t)^2 + (m + t)(k + r) - m^2 - m(k + r) =$$

$$= 2mt + t^2 + (k + r)t,$$

e procedendo de forma semelhante ao caso $W(k)$, encontramos:

$$|W(k,r)|^2 \leq$$

$$2\left|\sum_{x-y<m<x-k-r} \sum_{m<n<x-k-r} e(12\alpha kr(f_2(n) - f_2(m)))\right| + y =$$

$$= 2\left|\sum_{x-y<m<x-k-r} \sum_{0<t<x-k-r-m} e(12\alpha kr(f_2(m + t) - f_2(m)))\right| + y =$$

$$= 2\left|\sum_{0<t<y-k-r} \sum_{x-y<m<x-k-r-t} e(12\alpha kr(f_2(m + t) - f_2(m)))\right| + y =$$

$$= 2\left|\sum_{0<t<y-k-r} e(12\alpha kr(t^2 + (k + r)t)) \sum_{x-y<m<x-k-r-t} e(24\alpha krtm)\right| + y =$$

$$=$$

$$2 \quad \sum_{0<t<y-k-r} \left| \sum_{x-y<m<x-k-r-t} \quad e(24\alpha krtm) \right| + y. \qquad (3.3)$$

Substituindo consistentemente em (??) os valores $W(k)$ e $W(k,r)$ respectivamente de (??) e (??), cada vez usando a $(a+b)^2 \leq 2a^2 + 2b^2$ relação e desigualdade de Cauchy, encontramos

$$|T(\alpha; x, y)|^8 \leq 2^7 y^3 \sum_{0<k\leq y} |W(k)|^4 + 2^3 y^4 \leq$$

$$\leq 2^7 y^3 \sum_{0<k\leq y} \left(2 \sum_{0<r\leq y-k} |W(k,r)| + y\right)^2 + 2^3 y^4 \leq$$

$$\leq 2^7 y^3 \sum_{0<k\leq y} \left(2^3 \left(\sum_{0<r\leq y-k} |W(k,r)|\right)^2 + 2y^2\right) +$$

$$2^3 y^4 \leq$$

$$\leq 2^{10} y^4 \sum_{0<k\leq y} \sum_{0<r\leq y-k} |W(k,r)|^2 + 2^8 y^6 + 2^3 y^4 \leq$$

$$\leq$$

$$2^{10} y^4 \sum_{0<k\leq y} \sum_{0<r\leq y-k} \left(2 \quad \sum_{0<t<y-k-r} \left| \sum_{x-y<m<x-k-r-t} \quad e(24\alpha krtm) \right| \right.$$

$$\left. y\right) + 2^9 y^6 \leq$$

$$\leq$$

$$2^{11} y^4 \sum_{0<k\leq y} \sum_{0<r\leq y-k} \sum_{0<t<y-k-r} \left| \sum_{x-y<m<x-k-r-t} \quad e(24\alpha krtm) \right| +$$

$$2^{11} y^7.$$

Seja $x \geq x_0 > 0$, $y_0 < y \leq 0{,}01x$, α um número real,

$$\left| \alpha - \frac{a}{q} \right| \leq \frac{1}{q^2}, \qquad (a,q) = 1.$$

Então a estimativa é válida

$$|T(\alpha; x, y)| \ll y \left(q^{-\frac{1}{16}} + y^{-\frac{1}{16}} \ln^{\frac{1}{16}} q + y^{-\frac{1}{4}} q^{\frac{1}{16}} \ln^{\frac{1}{16}} q \right) (\ln y)^{\frac{7}{16}}.$$

Prova. Aplicando à soma m do Lema 3 e depois ao Lema 1, temos

$$|T(\alpha; x, y)|^8 \leq$$

$$2^{11} y^4 \sum_{0<k\leq y} \sum_{0<r\leq y-k} \sum_{0<t<y-k-r} \left| \sum_{x-y<m<x-k-r-t} \quad e(24\alpha krtm) \right| +$$

$$2^{11} y^7 \ll$$

$$\leq 2^{11} y^4 \sum_{0<k\leq y} \sum_{0<r\leq y-k} \sum_{0<t<y-k-r} \min\left(y, \frac{1}{\|24\alpha krt\|}\right) +$$

$$2^{11}y^7 =$$

$$= 2^{11}y^4 \sum_{n\le 24y^3} \eta(n)\min\left(y,\frac{1}{\|\alpha n\|}\right) + 2^{11}y^7,$$

$$\eta(n) = \sum_{0<k\le y} \sum_{0<r\le y-k} \sum_{\substack{0<t<y-k-r \\ n=24krt}} 1 \le$$

$\tau_3(n)$,

Aplicando a desigualdade de Cauchy, Lema 1, depois Lema 1, obtemos

$$|T(\alpha;x,y)|^{16} \ll$$

$$y^8 \sum_{n\le 24y^3} |\eta(n)|^2 \sum_{n\le 24y^3} \min\left(y,\frac{1}{\|\alpha n\|}\right)^2 + y^{14} \ll$$

$$\ll y^9 \sum_{n\le 24y^3} \tau_3^2(n) \sum_{n\le 24y^3} \min\left(y,\frac{1}{\|\alpha n\|}\right) + y^{14} \ll$$

$$\ll y^{12}\ln^7 y \sum_{n\le 24y^3} \min\left(y,\frac{1}{\|\alpha n\|}\right) + y^{14} \ll$$

$$\ll y^{12}\ln^7 y \left(\frac{y^3}{q}+1\right)(y+q\ln q) + y^{14} =$$

$$= y^{16}\left(\frac{1}{q}+\frac{\ln q}{y}+\frac{1}{y^3}+\frac{q\ln q}{y^4}\right)\ln^7 y + y^{14}$$

$$\ll y^{16}\left(\frac{1}{q}+\frac{\ln q}{y}+\frac{q\ln q}{y^4}\right)\ln^7 y.$$

Por isso,

$$|T(\alpha;x,y)| \ll y\left(q^{-\frac{1}{16}} + y^{-\frac{1}{16}}\ln^{\frac{1}{16}}q + y^{-\frac{1}{4}}q^{\frac{1}{16}}\ln^{\frac{1}{16}}q\right)(\ln y)^{\frac{7}{16}}.$$

O teorema foi provado.

<u>**Capítulo 2. Fórmula assintótica no problema de Esterman de quarto grau com termos quase iguais.**</u>

2.1 Demonstração de resultados

T. Esterman [37] provou uma fórmula assintótica para o número de soluções da equação

$$p_1 + p_2 + m^2 = N, \qquad (1.1)$$

onde p_1, p_2 são números primos, m é um número natural.

Em [18] e [23], este problema foi estudado sob condições mais rigorosas, nomeadamente, quando os termos são quase iguais, e uma fórmula assintótica para o número de soluções (1.1) foi derivada com as condições

$$\left| p_i - \frac{N}{3} \right| \leq H; \quad i = 1,2, \qquad \left| m^2 - \frac{N}{3} \right| \leq H; \quad H \geq N^{\frac{3}{4}} \ln^3 N.$$

Além disso, em [20], a fórmula assintótica é derivada para uma sequência mais rara com termos quase iguais, isto é, quando na equação (1.1) o quadrado de um natural m é substituído pelo seu cubo em $H \geq N^{\frac{5}{6}} \mathcal{L}^{10}$. (ver também [24]).

O principal resultado do terceiro capítulo é o Teorema 1 sobre a fórmula assintótica para uma sequência ainda mais rara com termos quase iguais, quando na equação (1.1) o quadrado do natural m é substituído pela quarta potência. O teorema 1 é provado pelo método circular de Hardy, Littlewood, Ramanujan na forma de somas trigonométricas por I.M. Vinogradov, usando os resultados dos capítulos anteriores, a saber

• Teorema 2 sobre o comportamento de somas trigonométricas curtas de G. Weyl $T(\alpha; x, y)$ para α, pertencentes a arcos grandes;

• Teorema 3 sobre uma estimativa não trivial de somas trigonométricas curtas de G. Weyl $T(\alpha; x, y)$ de quarto grau em arcos pequenos;

• Lema 2 sobre o comportamento de somas trigonométricas lineares curtas com números primos $S(\alpha; x, y)$ para α, pertencentes a arcos grandes.

Seja N um número natural suficientemente grande, $I(N, H)$ seja o número de representações N pela soma de dois números primos p_1, p_2 e a quarta potência de um número natural m com as condições

$$\left| p_i - \frac{N}{3} \right| \leq H, \qquad i = 1,2, \qquad \left| m^4 - \frac{N}{3} \right| \leq H,$$

$\rho(N, p)$ — número de soluções de comparação $x^4 \equiv N(\quad \mathrm{mod}\, p)$. Então $H \geq N^{\frac{11}{12}}\mathcal{L}^{\frac{40}{3}}$ a fórmula assintótica é válida:

$$I(N, H) = \frac{\sqrt[4]{3}\,\mathfrak{S}(N)}{4\sqrt[4]{N^3}\mathcal{L}^2} H + O\left(\frac{H^2}{\sqrt[4]{N^3}\mathcal{L}^3} \right), \qquad \mathfrak{S} = \prod_p \left(1 + \frac{\rho(N,p)}{(p-1)^2} \right).$$

Existe tal coisa N_0 que todo número natural $N > N_0$ pode ser representado como a soma de dois números primos p_1 e p_2 a quarta potência de um número natural m com as condições

$$\left| p_i - \frac{N}{3} \right| \leq N^{\frac{11}{12}}\mathcal{L}^{\frac{40}{3}}, \qquad i = 1,2,$$

$$\left| m - \sqrt[4]{\frac{N}{3}} \right| \leq \frac{3N^{\frac{1}{6}}\mathcal{L}^{\frac{40}{3}}}{4\sqrt[4]{3}} + \frac{27N^{\frac{1}{12}}\mathcal{L}^{\frac{80}{3}}}{32\sqrt[4]{3}} + \frac{189\mathcal{L}^{40}}{128\sqrt[4]{3}} + 0,9.$$

2.2. Declarações auxiliares

Seja p um número primo, $(a, p) = 1$ então temos a estimativa

$$|S(a, p)| \ll \sqrt{p}.$$

Para a prova, veja [41].

Deixe $y \geq x^{\frac{7}{12}+\varepsilon}$, então a fórmula assintótica é válida

$$\pi(x) - \pi(x-y) = \frac{y}{\ln x} + O\left(\frac{y}{\ln^2 x}\right).$$

Para a prova, veja [42].

Seja $x \geq x_0$, $h \leq x^{\frac{3}{16}}\exp(-(\ln x)^{0,76})$,, $y \geq hx^{\frac{5}{8}}\exp(\ln x)^{0,76}$, $\tau \geq y^2/xh$, $q \leq h$, $b \geq 224$um número positivo fixo arbitrário,

$$F(q,x) = \begin{cases} \exp(-\ln^4\ln x) & \text{еслиq} \leq (\ln x)^b, \\ (\ln x)^{b+3} & \text{еслиq} > (\ln x)^b. \end{cases}$$

Então a igualdade é verdadeira:

$$S(\alpha; x, y) = \sum_{x-y < n \leq x} \Lambda(n)e(\alpha n) = \frac{\mu(q)}{\varphi(q)}\frac{\sin\pi\lambda y}{\pi\lambda}e\left(\lambda\left(x - \frac{y}{2}\right)\right) +$$

$$O\left(\frac{y}{q^{1/2}}F(q,x)\right).$$

Para a prova, veja [43].

Sejam $q = q_1 q_2$,,, $(q_1, q_2) = 1$então existem números únicos a_1e , $a_2$tais $(a, q_1 q_2) = 1$que

$$a = a_1 q_2 + a_2 q_1, \qquad (a_1, q_1) = 1, \qquad 1 \leq a_1 \leq$$

q_1, $\qquad (a_2, q_2) = 1, \qquad 1 \leq a_2 \leq q_2,$

para o qual a relação é válida

$$S(a, q) = S(a_1, q_1)S(a_2, q_2).$$

Prova. Devido ao fato de que no total $S(a,q)$qualquer $x$módulo de dedução $q = q_1 q_2$só pode ser representado na forma

$$x \equiv x_1 q_2 + x_2 q_1 \qquad (\bmod q_1 q_2), \qquad\qquad 1 \leq x_1 \leq$$

q_1, $\qquad 1 \leq x_2 \leq q_2,$

Nós temos

$$S(a, q) = S(a_1 q_2 + a_2 q_1, q_1 q_2) =$$

$$= \sum_{x_1=1}^{q_1} \sum_{x_2=1}^{q_2} e\left(\frac{(a_1 q_2 + a_2 q_1)(x_1 q_2 + x_2 q_1)^4}{q_1 q_2}\right) =$$

$$= \sum_{x_1=1}^{q_1} e\left(\frac{a_1 (x_1 q_2)^4}{q_1}\right) \sum_{x_2=1}^{q_2} e\left(\frac{a_2 (x_2 q_1)^4}{q_2}\right) =$$

$$= \sum_{x_1=1}^{q_1} e\left(\frac{a_1 x_1^4}{q_1}\right) \sum_{x_2=1}^{q_2} e\left(\frac{a_2 x_2^4}{q_2}\right) = S(a_1, q_1) S(a_2, q_2).$$

Seja q um número livre de quadrados, $(a, q) = 1$ então temos a estimativa

$$|S(a, q)| \ll \sqrt{q}.$$

Prova. Seja $q = p_1 p_2 \ldots p_k$ a decomposição canônica de um número q em fatores primos. De acordo com o Lema 2, existem números únicos $a_1, a_2 \ldots, a_k$ tais que

$$a = a_1 q_1 + a_2 q_2 + \cdots + a_k q_k, \quad q_i = q p_i^{-1}, \quad (a_i, p_i) = 1, \quad 1 \leq a_i \leq$$

$p_i, \quad i = 1, 2, \ldots, k,$

para o qual a relação é válida

$$S(a, q) = S(a_1, p_1) S(a_2, p_2) \ldots S(a_k, p_k).$$

A partir daqui, utilizando a estimativa de A. Weil (Lema 2), obtemos o enunciado do lema.

2.3. Prova do Teorema 1

Sem perda de generalidade, assumiremos que $H = N^{\frac{11}{12}} \mathcal{L}^{\frac{40}{3}}$. Deixar

$$\tau = 16 H N^{-\frac{1}{4}}, \qquad \text{æ}\tau = 1.$$

Nós temos

$$I(N, H) = \int_{-\text{æ}}^{1-\text{æ}} S_1^2(\alpha; N, H) T_1(\alpha; N, H) e(-\alpha N) d\alpha,$$

$$S_1(\alpha; N, H) = \sum_{|p - N/3| \leq H} e(\alpha p);$$

35

$$T_1(\alpha; N, H) = \sum_{|n^3 - N/3| \leq H} e(\alpha n^4).$$

Quando $|p - N/3| \leq H$, usando a fórmula de Lagrange para incrementos finitos, é fácil mostrar que

$$\ln p = \ln \frac{N}{3} + O\left(\frac{H}{N}\right).$$

É por isso

$$S_1(\alpha; N, H) = \sum_{|p-N/3| \leq H} \left(\frac{\ln p}{\ln \frac{N}{3}} + O\left(\frac{H}{N\mathcal{L}}\right)\right) e(\alpha p) =$$

$$= \ln^{-1} \frac{N}{3} \left(\sum_{|n-N/3| \leq H} \Lambda(n) e(\alpha n) - \right.$$

$$\left. \sum_{\substack{|p^k - N/3| \leq H \\ k \geq 2}} \Lambda(p^k) e(\alpha p^k)\right) + O\left(\frac{H}{N\mathcal{L}}\right) =$$

$$= \ln^{-1} \frac{N}{3} S\left(\alpha; \frac{N}{3} + H, 2H\right) + O\left(\frac{H^2}{N}\right). \tag{3.1}$$

Usando a proporção

$$\left(\frac{N}{3} \pm H\right)^{\frac{1}{4}} = N_1 \pm H_1 + O(H^2 N^{-7/4}), \qquad N_1 = \sqrt[4]{\frac{N}{3}}, \qquad H_1 =$$

$$\frac{H}{4\sqrt[4]{(N/3)^3}},$$

nós achamos

$$T_1(\alpha; N, H) = T(\alpha; N_1 + H_1, 2H_1) + O(H^2 N^{-7/4}). \tag{3.2}$$

De acordo com o teorema de Dirichlet sobre a aproximação de números reais por números racionais, cada um α dos intervalos $[-æ, 1 - æ]$ pode ser representado na forma

$$\alpha = \frac{a}{q} + \lambda, \qquad (a, q) = 1, \qquad 1 \leq q \leq \tau, \qquad |\lambda| \leq$$

$$\frac{1}{q\tau}. \tag{3.3}$$

Nesta representação $0 \leq a \leq q - 1$, e $a = 0$ apenas para $q = 1$. Vamos $\mathfrak{M}$ denotar por aqueles α para os quais $q \leq \mathcal{L}^{40}$ na representação (??), e por $\mathfrak{m}-$ denotamos os restantes α. O conjunto $\mathfrak{M}$ consiste em segmentos disjuntos. Vamos dividir o conjunto $\mathfrak{M}$ em conjuntos $\mathfrak{M}_1$ e $\mathfrak{M}_2$:

$$\mathfrak{M}_1 = \left\{\alpha: \quad \alpha \in \mathfrak{M}, \; \left|\alpha - \frac{a}{q}\right| \le \frac{L^2}{H}\right\},$$

$$\mathfrak{M}_2 = \left\{\alpha: \quad \alpha \in \mathfrak{M}, \frac{L^2}{H} < \left|\alpha - \frac{a}{q}\right| \le \frac{1}{q\tau}\right\}.$$

Vamos denotar por $I(\mathfrak{M}_1)$ e $I(\mathfrak{m})$, respectivamente $I(\mathfrak{M}_2)$, mas integrais sobre os conjuntos $\mathfrak{M}_1$ e $\mathfrak{M}_2$. Terá

$$I(N, H) = I(\mathfrak{M}_1) + I(\mathfrak{M}_2) + I(\mathfrak{m}).$$

Na última fórmula, o primeiro termo, ou seja $I(\mathfrak{M}_1)$, fornece o termo principal da fórmula assintótica para $I(N, H)$ e $I(\mathfrak{M}_2)$ é $I(\mathfrak{m})$ incluído no seu termo restante.

Cálculo da integral $I(\mathfrak{M}_1)$. Pela definição da integral $I(\mathfrak{M}_1)$ temos:

$$I(\mathfrak{M}_1) = \sum_{q \le L^{40}} \sum_{\substack{a=0 \\ (a,q)=1}}^{q-1} I(a, q), \tag{3.4}$$

$$I(a, q) = \int_{|\lambda| \le L^2/H} F(\alpha; N, H) e(-\alpha N) d\lambda, \tag{3.5}$$

$$F(\alpha; N, H) = S_1^2(\alpha; N, H) T_1(\alpha; N, H), \qquad \alpha = \frac{a}{q} + \lambda.$$

Aplicamos o Lema 2 $x = N/3 + H$ à soma , $S(\alpha; N/3 + H, 2H)$ configuração $h = HN^{-\frac{3}{4}} = N^{\frac{1}{6}} L^{\frac{40}{3}}$,,,,, $y = 2H$. $b = 224$ Vamos verificar se as condições foram atendidas:

$$h = \frac{H}{\sqrt[4]{N^3}} = N^{\frac{1}{6}} L^{\frac{40}{3}} < N^{\frac{3}{16}} \exp(-L^{0,76});$$

$$h(N/3 + H)^{\frac{5}{8}} \exp L^{0,76} \le N^{\frac{1}{8}} L^{\frac{40}{3}} \cdot N^{\frac{5}{8}} \exp L^{0,76} \le$$

$$\le N^{\frac{3}{4}} L^{\frac{40}{3}} \exp L^{0,76} \le N^{\frac{11}{12}} L^{\frac{40}{3}} = H.$$

$$\tau = \frac{12H}{\sqrt[4]{N}} > \frac{12H}{\sqrt[4]{N}} \cdot \frac{N}{N+3H} = \frac{4H^2}{N/3+H} \cdot \frac{\sqrt[4]{N^3}}{H} = \frac{(2H)^2}{(N/3+H)h}.$$

De acordo com este lema, $\alpha \in \mathfrak{M}_1$ para

$$S\left(\alpha; \frac{N}{3} + H, 2H\right) = \frac{\mu(q)}{\varphi(q)} \frac{\sin 2\pi\lambda H}{\pi\lambda} e\left(\frac{\lambda N}{3}\right) + R_1,$$

$$R_1 \ll H\exp(-c\ln^4 \mathcal{L}).$$

A partir daqui, levando em consideração a fórmula (??), encontramos

$$S_1(\alpha; N, H) = \frac{1}{\ln(N/3)} \frac{\mu(q)}{\varphi(q)} \frac{\sin 2\pi\lambda H}{\pi\lambda} e\left(\frac{\lambda N}{3}\right) + R_1.$$

Usando esta relação, e tendo em mente que

$$\left|\frac{\mu(q)}{\varphi(q)} \frac{\sin 2\pi\lambda H}{\pi\lambda} e\left(\frac{\lambda N}{3}\right)\right| \le \frac{H}{\varphi(q)}, \quad |S_1(\alpha; N, H)| \le \frac{H}{\mathcal{L}},$$

vamos encontrar

$$S_1^2(\alpha; N, H) = \left(\frac{\mu(q)}{\varphi(q)} \frac{\sin 2\pi\lambda H}{\pi\lambda} \frac{1}{\ln(N/3)} e\left(\frac{\lambda N}{3}\right) + R_1\right) S_1(\alpha; N, H) =$$

$$= \frac{\mu(q)}{\varphi(q)} \frac{\sin 2\pi\lambda H}{\pi\lambda} \frac{1}{\ln(N/3)} e\left(\frac{\lambda N}{3}\right) \left(\frac{\mu(q)}{\varphi(q)} \frac{\sin 2\pi\lambda H}{\pi\lambda} \frac{1}{\ln(N/3)} e\left(\frac{\lambda N}{3}\right) + R_1\right) +$$

$$R_1 S_1(\alpha; N, H) =$$

$$= \frac{\mu^2(q)}{\varphi^2(q)} \frac{\sin^2 2\pi\lambda H}{(\pi\lambda)^2 \ln^2(N/3)} e\left(\frac{2\lambda N}{3}\right) + O\left(\frac{HR_1}{\varphi(q)\mathcal{L}}\right) + O\left(\frac{HR_1}{\mathcal{L}}\right),$$

aquilo é

$$S_1^2\left(\frac{a}{q} + \lambda; N, H\right) - \frac{\mu^2(q)}{\varphi^2(q)} \cdot \frac{\sin^2 2\pi\lambda H}{(\pi\lambda)^2 \ln^2(N/3)} \; e\left(\frac{2\lambda N}{3}\right) \ll \frac{HR_1}{\varphi(q)\mathcal{L}}.$$

Multiplicando a desigualdade resultante termo por termo $T_1(\alpha; N, H) \ll HN^{-3/4}$, ou seja, por uma estimativa trivial da soma $T_1(\alpha; N, H)$, e tendo em mente que $F(\alpha; N, H) = S_1^2(\alpha; N, H)T_1(\alpha; N, H)$, encontramos

$$F(\alpha; N, H) = \frac{\mu^2(q)}{\varphi^2(q)} \frac{\sin^2 2\pi\lambda H}{(\pi\lambda)^2 \ln^2(N/3)} e\left(\frac{2\lambda N}{3}\right) T_1(\alpha; N, H) +$$

$$R_2, \qquad (3.6)$$

$$R_2 \ll \frac{H^2 R_1}{\varphi(q) N^{3/4} \mathcal{L}}.$$

Da desigualdade

$$24(N_1 + H_1)^2 \cdot 2H_1 = 48\left(\sqrt[4]{\frac{N}{3}} + \frac{H}{4\sqrt[4]{(N/3)^3}}\right)^2 \frac{H}{4\sqrt[4]{(N/3)^3}} =$$

$$= \frac{12\sqrt[4]{3}}{\sqrt[4]{N}} H \left(1 + \frac{3H}{4N}\right)^2 < \frac{12\sqrt[4]{3}}{\sqrt[4]{N}} H \left(1 + \frac{2\sqrt[8]{3^3}-3}{3}\right)^2 = \frac{16H}{\sqrt[4]{N}} = \tau.$$

segue-se que para a soma $T(\alpha; N_1 + H_1, 2H_1)$ de $\alpha \in \mathfrak{M}_1$, a condição do Corolário 2 do Teorema 2 é satisfeita. De acordo com este corolário e relação

(??), encontramos.

$$T_1(\alpha; N, H) = T(\alpha; N_1 + H_1, 2H_1) + O(H^2 N^{-7/4}) =$$

$$= \frac{2S(a,q)H_1}{q}\gamma(\lambda; N_1 + H_1, 2H_1) + O(q^{1/2+\varepsilon}) + O\left(\frac{H^2}{N^{7/4}}\right),$$

Onde

$$S(a, q) = \sum_{x=1}^{q} e\left(\frac{ax^4}{q}\right),$$

$$\gamma(\lambda; N_1 + H_1, 2H_1) = \int_{-0,5}^{0,5} e\left(\lambda\left(\sqrt[4]{\frac{N}{3}} + \frac{Ht}{2\sqrt[4]{(N/3)^3}}\right)^4\right)dt,$$

aquilo é

$$T_1(\alpha; N, H) = \frac{S(a,q)H}{2q\sqrt[4]{(N/3)^3}}\gamma(\lambda; N_1 + H_1, 2H_1) + R_3, \qquad R_3 \ll$$

$$q^{1/2+\varepsilon} + \frac{H^2}{N^{7/4}}.$$

A partir daqui e de (??), obtemos

$$F(\alpha; N, H) =$$

$$= \frac{\mu^2(q)}{\varphi^2(q)}\frac{\sin^2 2\pi\lambda H}{(\pi\lambda)^2 \ln^2(N/3)} e\left(\frac{2\lambda N}{3}\right)\left(\frac{S(a,q)H}{2q\sqrt[4]{(N/3)^3}}\gamma(\lambda; N_1 + H_1, 2H_1) + \right.$$

$$\left. R_3\right) + R_2 =$$

$$= \frac{H}{2\sqrt[4]{(N/3)^3}\ln^2(N/3)}\frac{\mu^2(q)S(a,q)}{q\varphi^2(q)}\frac{\sin^2 2\pi\lambda H}{(\pi\lambda)^2}\gamma(\lambda; N_1 +$$

$$H_1, 2H_1)e\left(\frac{2\lambda N}{3}\right) + R_4,$$

$$R_4 \ll \left|\frac{\mu(q)}{\varphi(q)}\frac{\sin 2\pi\lambda H}{\pi\lambda} e\left(\frac{\lambda N}{3}\right)\right|^2 \cdot \frac{R_3}{\mathcal{L}^2} + R_2 \ll$$

$$\ll \frac{H^2 R_3}{\varphi^2(q)\mathcal{L}^2} + \frac{H^3}{\varphi(q)N^{3/4}\mathcal{L}}\exp(-c\ln^4 \mathcal{L}) \ll$$

$$\ll \frac{H^2 q^{1/2+\varepsilon}}{\varphi^2(q)\mathcal{L}^2} + \frac{H^4}{\varphi^2(q)\mathcal{L}^2 N^{7/4}} + \frac{H^3\exp(-c\ln^4 \mathcal{L})}{\varphi(q)N^{3/4}\mathcal{L}}.$$

Substituindo o valor $F(\alpha; N, H)$ na fórmula (3.5), encontramos

$$I(a, q) = \frac{H}{2\sqrt[4]{(N/3)^3}\ln^2(N/3)}\frac{\mu^2(q)S(a,q)}{q\varphi^2(q)}e\left(-\frac{aN}{q}\right)\cdot J(H) +$$

$$R_5, \hspace{4cm} (3.7)$$

$$J(H) = \int_{|\lambda| \leq \mathcal{L}^2/H} \frac{\sin^2 2\pi\lambda H}{(\pi\lambda)^2} \gamma(\lambda; N_1 + H_1, 2H_1) e\left(-\frac{\lambda N}{3}\right) d\lambda,$$

$$R_5 \ll \frac{Hq^{1/2+\varepsilon}}{\varphi^2(q)} + \frac{H^3}{\varphi^2(q)N^{7/4}} + \frac{H^2\mathcal{L}\exp(-c\ln^4\mathcal{L})}{\varphi(q)N^{3/4}}.$$

Substituindo o valor da integral $\gamma(\lambda; N_1 + H_1, 2H_1)$ do Corolário 2 do Teorema 2 no lado direito da expressão para $I_1(a, q)$, encontramos

$$J(H) = \int_{|\lambda| \leq \mathcal{L}^2/H} \frac{\sin^2 2\pi\lambda H}{(\pi\lambda)^2} \gamma(\lambda; N_1 + H_1, 2H_1) e\left(-\frac{\lambda N}{3}\right) d\lambda =$$

$$= \int_{|\lambda| \leq \mathcal{L}^2/H} \frac{\sin^2 2\pi\lambda H}{(\pi\lambda)^2} \int_{-0,5}^{0,5} e\left(\lambda\left(\sqrt[4]{\frac{N}{3}} + \right.\right.$$

$$\left.\left. \frac{Ht}{2\sqrt[4]{(N/3)^3}}\right)^4\right) e\left(-\frac{\lambda N}{3}\right) dt \quad d\lambda =$$

$$= \int_{|\lambda| \leq \mathcal{L}^2/H} \frac{\sin^2 2\pi\lambda H}{(\pi\lambda)^2} \int_{-0,5}^{0,5} e\left(2\lambda Ht\left(1 + \frac{9Ht}{4N} + \frac{9H^2t^2}{4N^2} + \right.\right.$$

$$\left.\left. \frac{27H^3t^3}{32N^3}\right)\right) dt \quad d\lambda =$$

$$= \frac{2H}{\pi} \int_{|u| \leq 2\pi\mathcal{L}^2} \frac{\sin^2 u}{u^2} \int_{-0,5}^{0,5} e\left(\frac{ut}{\pi}\left(1 + \frac{9Ht}{4N} + \frac{9H^2t^2}{4N^2} + \right.\right.$$

$$\left.\left. \frac{27H^3t^3}{32N^3}\right)\right) dt \quad du.$$

Usando a proporção

$$e\left(\frac{ut}{\pi}\left(\frac{9Ht}{4N} + \frac{9H^2t^2}{4N^2} + \frac{27H^3t^3}{32N^3}\right)\right) =$$

$$= e\left(\frac{9Hut^2}{4\pi N}\left(1 + \frac{Ht}{N} + \frac{3H^2t^2}{8N^2}\right)\right) = 1 +$$

$$O\left(\frac{H\mathcal{L}^2}{N}\right).$$

vamos encontrar

$$J(H) =$$

$$\frac{2H}{\pi} \quad \int_{|u|\le 2\pi\mathcal{L}^2} \quad \frac{\sin^2 u}{u^2} \int_{-0,5}^{0,5} e\left(\frac{ut}{\pi}\right) e\left(\frac{ut}{\pi}\left(\frac{9Ht}{4N} + \frac{9H^2 t^2}{4N^2} + \right.\right.$$

$$\left.\left.\frac{27H^3 t^3}{32N^3}\right)\right) dt \quad du =$$

$$= \frac{2H}{\pi} \int_{|u|\le 2\pi\mathcal{L}^2} \frac{\sin^2 u}{u^2} \int_{-0,5}^{0,5} e\left(\frac{ut}{\pi}\right)\left(1 + O\left(\frac{H\mathcal{L}^2}{N}\right)\right) du \quad dt =$$

$$= \frac{2H}{\pi} \int_{|u|\le 2\pi\mathcal{L}^2} \frac{\sin^2 u}{u^2} \int_{-0,5}^{0,5} e\left(\frac{ut}{\pi}\right) dt \quad du + O\left(\frac{H^2 \mathcal{L}^4}{N}\right) =$$

$$= \frac{2H}{\pi} \int_{|u|\le 2\pi\mathcal{L}^2} \frac{\sin^3 u}{u^3} du + O\left(\frac{H^2 \mathcal{L}^4}{N}\right) = \frac{4H}{\pi} \int_0^{2\pi\mathcal{L}^2} \frac{\sin^3 u}{u^3} du +$$

$$O\left(\frac{H^2 \mathcal{L}^4}{N}\right).$$

Substituindo a última integral sobre u aquelas próximas a ela por uma integral imprópria independente $\mathcal{L}$ e usando a relação

$$\int_{2\pi\mathcal{L}^2}^{\infty} \frac{\sin^3 u}{u^3} du \ll \mathcal{L}^{-6},$$

vamos encontrar

$$J(H) = \frac{4H}{\pi}\left(\int_0^{\infty} \frac{\sin^3 u}{u^3} du - \int_{2\pi\mathcal{L}^2}^{\infty} \frac{\sin^3 u}{u^3} du\right) + O\left(\frac{H^2 \mathcal{L}^4}{N}\right) =$$

$$= \frac{4H}{\pi} \int_0^{\infty} \frac{\sin^3 u}{u^3} du + O\left(\frac{H}{\mathcal{L}^6}\right).$$

Usando a fórmula (ver [44] p. 174)

$$\int_0^{\infty} \frac{\sin^n mu}{u^n} du$$

$$= \frac{\pi m^{m-1}}{2^n(n-1)1}\left[n^{n-1} - \frac{n}{1!}(n-2)^{n-1} + \frac{n(n-1)}{2!}(n-4)^{n-1}\right.$$

$$\left. + \cdots\right].$$

para $m = 1$ e $n = 3$, encontramos

$$\int_0^{\infty} \frac{\sin^3 u}{u^3} du = \frac{3\pi}{8}.$$

Por isso

$$J(H) = \frac{3H}{2} + O\left(\frac{H}{\mathcal{L}^6}\right).$$

Substituindo isso na fórmula (3.7.), encontramos

$$I(a,q) = \frac{H}{2\sqrt[4]{(N/3)^3}\ln^2(N/3)} \; \frac{\mu^2(q)S(a,q)}{q\varphi^2(q)} e\left(-\frac{aN}{q}\right) \cdot$$

$$\left(\frac{3H}{2} + O\left(\frac{H}{\mathcal{L}^6}\right)\right) + R_5 =$$

$$= \frac{3H}{4\sqrt[4]{(N/3)^3}\ln^2(N/3)} \; \frac{\mu^2(q)S(a,q)}{q\varphi^2(q)} e\left(-\frac{aN}{q}\right) + R_6(a,q), \qquad (3.8)$$

$$R_6(a,q) \ll \frac{\mu^2(q)|S(a,q)|}{q\varphi^2(q)} \frac{H}{\sqrt[4]{N^3}\mathcal{L}^2} \cdot \frac{H}{\mathcal{L}^6} + R_5.$$

Se q é um número sem quadrados, então de acordo com o Lema 2.1. para uma soma racional completa de quarta ordem $S(a,q)$ a estimativa é válida $S(a,q) \ll \sqrt{q}$. Usando esta estimativa e a expressão explícita R_5, encontramos

$$R_6(a,q) \ll \frac{1}{\sqrt{q}\varphi^2(q)} \frac{H^2}{\sqrt[4]{N^3}\mathcal{L}^8} + \frac{Hq^{1/2+\varepsilon}}{\varphi^2(q)} + \frac{H^3}{\varphi^2(q)N^{7/4}} +$$

$$\frac{H^2\mathcal{L}\exp(-c\ln^4\mathcal{L})}{\varphi(q)N^{3/4}}.$$

Substituindo o lado direito da igualdade (??) em (??), obtemos

$$I(\mathfrak{M}_1) =$$

$$\frac{3H\ln^{-2}(N/3)}{4\sqrt[4]{(N/3)^3}} \sum_{q\leq\mathcal{L}^{40}} \frac{\mu^2(q)}{q\varphi^2(q)} \sum_{\substack{a=0 \\ (a,q)=1}}^{q-1} S(a,q)e\left(-\frac{aN}{q}\right) +$$

$$R(\mathfrak{M}_1), \qquad (3.9)$$

$$R(\mathfrak{M}_1) \ll \sum_{q\leq\mathcal{L}^{40}} \sum_{\substack{a=0 \\ (a,q)=1}}^{q-1} R_6(a,q) \ll$$

$$\frac{H^2}{\sqrt[4]{N^3}\mathcal{L}^8} \sum_{q\leq\mathcal{L}^{40}} \sum_{\substack{a=0 \\ (a,q)=1}}^{q-1} \frac{1}{\sqrt{q}\varphi^2(q)} +$$

$$+H \sum_{q\leq\mathcal{L}^{40}} \sum_{\substack{a=0 \\ (a,q)=1}}^{q-1} \frac{q^{1/2+\varepsilon}}{\varphi^2(q)} +$$

$$\frac{H^3}{N^{7/4}} \sum_{q\leq\mathcal{L}^{40}} \sum_{\substack{a=0 \\ (a,q)=1}}^{q-1} \frac{1}{\varphi^2(q)} +$$

$$+ \frac{H^2\mathcal{L}}{N^{3/4}}\exp(-c\ln^4\mathcal{L}) \sum_{q\leq\mathcal{L}^{40}} \sum_{\substack{a=0\\(a,q)=1}}^{q-1} \frac{1}{\varphi(q)} \ll$$

$$\ll \frac{H^2}{\sqrt[4]{N^3}\mathcal{L}^8}\sum_{q\leq\mathcal{L}^{40}}\frac{1}{q^{1/2}\varphi(q)} + H\sum_{q\leq\mathcal{L}^{40}}\frac{q^{1/2+\varepsilon}}{\varphi(q)} +$$

$$+\frac{H^3}{N^{7/4}}\sum_{q\leq\mathcal{L}^{40}}\frac{1}{\varphi(q)} + \frac{H^2\mathcal{L}^{41}}{N^{3/4}}\exp(-c\ln^4\mathcal{L}) \ll$$

$$\ll \frac{H^2}{\sqrt[4]{N^3}\mathcal{L}^8} + H\mathcal{L}^{21} + \frac{H^3}{N^{7/4}}\mathcal{L}^2 + \frac{H^2}{\sqrt[4]{N^3}\mathcal{L}^8} \ll \frac{H^2}{\sqrt[4]{N^3}\mathcal{L}^8}.$$

Por isso,

$$I(\mathfrak{M}_1) =$$

$$\frac{3H}{4\sqrt[4]{(N/3)^3}\ln^2(N/3)} \sum_{q\leq\mathcal{L}^{40}}\frac{\mu^2(q)}{q\varphi^2(q)}\sum_{\substack{a=0\\(a,q)=1}}^{q-1} S(a,q)e\left(-\frac{aN}{q}\right) +$$

$$O\left(\frac{H^2}{\sqrt[4]{N^3}\mathcal{L}^8}\right). \quad (3.10)$$

a soma $q$em (??) por uma série infinita próxima a ela, independente de $\mathcal{L}^{40}$, ou seja

$$\sum_{q\leq\mathcal{L}^{40}}\frac{\mu^2(q)}{q\varphi^2(q)}\sum_{\substack{a=1\\(a,q)=1}}^{q} S(a,q)e(-aN/q) = \mathfrak{S}(N) -$$

$R(N),\qquad (3.11)$

$$\mathfrak{S}(N) = \sum_{q=1}^{\infty}\frac{\mu^2(q)}{q\varphi^2(q)}\sum_{\substack{a=1\\(a,q)=1}}^{q} S(a,q)e\left(-\frac{aN}{q}\right),$$

$$R(N) = \sum_{q>\mathcal{L}^{40}}\frac{\mu^2(q)}{q\varphi^2(q)}\sum_{\substack{a=1\\(a,q)=1}}^{q} S(a,q)e\left(-\frac{aN}{q}\right).$$

Agora vamos imaginar uma série especial $\mathfrak{S}(N)$ na forma de um produto infinito sobre todos os números primos; para isso, escrevemos na forma;

$$\mathfrak{S}(N) = \sum_{q=1}^{\infty}\frac{\mu^2(q)}{q\varphi^2(q)}\Phi(q), \qquad \Phi(q) =$$

$$\sum_{\substack{a=1\\(a,q)=1}}^{q} S(a,q)e\left(-\frac{aN}{q}\right).$$

Vamos primeiro mostrar que a soma $\Phi(q)$é uma função multiplicativa.

43

Deixe $q = q_1 q_2$, $(q_1, q_2) = 1$, então representar a variável de soma na última soma $a$como

$$a = a_1 q_2 + a_2 q_1, \qquad (a_1, q_1) = 1, \qquad 1 \leq a_1 \leq$$

q_1, $\qquad (a_2, q_2) = 1$, $\qquad 1 \leq a_2 \leq q_2$,

vamos encontrar

$$\Phi(q_1 q_2) = \sum_{\substack{a_1=1 \\ (a_1,q_1)=1}}^{q_1} \sum_{\substack{a_2=1 \\ (a_2,q)=1}}^{q_2} S(a_1 q_2 +$$

$$a_2 q_1, q_1 q_2) e\left(-\frac{(a_1 q_2 + a_2 q_1)N}{q_1 q_2}\right). \tag{3.12}$$

o Lema 2 à soma , temos$S(a_1 q_2 + a_2 q_1, q_1 q_2)$

$$S(a_1 q_2 + a_2 q_1, q_1 q_2) = S(a_1, q_1) S(a_2, q_2).$$

Substituindo esta igualdade no lado direito (??), obtemos

$$\Phi(q_1 q_2) =$$

$$\sum_{\substack{a_1=1 \\ (a_1,q_1)=1}}^{q_1} S(a_1, q_1) e\left(-\frac{a_1 N}{q_1}\right) \sum_{\substack{a_2=1 \\ (a_2,q)=1}}^{q_2} S(a_2, q_2) e\left(-\frac{a_2 N}{q_2}\right) =$$

$\Phi(q_1)\Phi(q_2)$.

Usando convergência absoluta $\mathfrak{S}(N)$ e multiplicatividade $\Phi(q)$, encontramos

$$\mathfrak{S}(N) = \prod_p \left(1 + \frac{\Phi(p)}{p(p-1)^2}\right),$$

$$\Phi(p) = \sum_{a=1}^{p-1} S(a, p) e\left(-\frac{aN}{p}\right) = \sum_{a=1}^{p-1} \sum_{x=1}^{p} e\left(\frac{a(x^4 - N)}{p}\right) =$$

$$= \sum_{x=1}^{p} \sum_{a=1}^{p-1} e\left(\frac{a(x^4 - N)}{p}\right) = \sum_{x=1}^{p} \left(\sum_{a=1}^{p} e\left(\frac{a(x^4 - N)}{p}\right) - $$

$$1\right) =$$

$$= \sum_{\substack{x=1 \\ x^3 \equiv N(mod\,p)}}^{p} p - p = p(\rho(N,p) - 1)),$$

onde $\rho(N,p)$está o número de soluções de comparação $x^4 \equiv N(mod\,p)$. Por isso,

$$\mathfrak{S}(N) = \prod_p \left(1 + \frac{\rho(N,p) - 1}{(p-1)^2}\right).$$

Agora vamos avaliar $R(N)$. Nós temos

$$R(N) = \sum_{q > \mathcal{L}^{40}} \frac{\mu^2(q)}{q\varphi^2(q)} \Phi(q), \qquad \Phi(q) =$$

$$\sum_{\substack{a=1 \\ (a,q)=1}}^{q} S(a,q) e\left(-\frac{aN}{q}\right).$$

Como $\Phi(q)$ é uma função multiplicativa e q é um número livre de quadrados, então

$$\Phi(q) = \prod_{p \backslash q} \Phi(p), \qquad \Phi(p) =$$

$$\sum_{a=1}^{p-1} S(a,p) e\left(-\frac{aN}{p}\right).$$

A partir daqui e da estimativa $|S(a,p)| \ll p^{1/2}$ (Lema 2), encontramos consistentemente

$$|\Phi(q)| = \prod_{p \backslash q} |\Phi(p)| \le \prod_{p \backslash q} \sqrt{p}(p-1) < \prod_{p \backslash q} p\sqrt{p} =$$

$$q\sqrt{q}.$$

Por isso

$$|R(N)| \le \sum_{q > \mathcal{L}^{40}} \frac{\mu^2(q)}{q\varphi^2(q)} |\Phi(q)| \le \sum_{q > \mathcal{L}^{40}} \frac{\mu^2(q)}{q\varphi^2(q)} \cdot q\sqrt{q} =$$

$$= \sum_{q > \mathcal{L}^{40}} \frac{\mu^2(q)}{\sqrt{q}\varphi(q)} \ll \sum_{q > \mathcal{L}^{40}} \frac{\ln\ln q}{q^{3/2}} \ll \int_{\mathcal{L}^{40}}^{\infty} \frac{\ln\ln u}{u^{3/2}} \, du \ll \mathcal{L}^{-8}.$$

Assim, a relação (??) assume a forma

$$\sum_{q \le Q} \frac{\mu^2(q)}{q\varphi^2(q)} \sum_{\substack{a=1 \\ (a,q)=1}}^{q} S(a,q) e\left(-\frac{aN}{q}\right) = \mathfrak{S}(N) + O(\mathcal{L}^{-8}),$$

$$\mathfrak{S}(N) = \prod_{p} \left(1 + \frac{\rho(N,p)-1}{(p-1)^2}\right),$$

onde $\rho(N,p)$ está o número de soluções de comparação $x^4 \equiv N (mod\, p)$.

Substituindo o lado direito desta igualdade em (??), obtemos

$$I(\mathfrak{M}_1) = \frac{3H\mathfrak{S}(N)}{4\sqrt[4]{(N/3)^3}\ln^2(N/3)} + O\left(\frac{H^2}{\sqrt[4]{N^3}\mathcal{L}^8}\right).$$

A partir daqui, levando em consideração a fórmula $\ln^2(N/3) = \mathcal{L}^{-2} + O(\mathcal{L}^{-3})$, encontramos

$$I(\mathfrak{M}_1) = \frac{\sqrt[4]{3}\,\mathfrak{S}(N)}{4\sqrt[4]{N^3}\mathcal{L}^2}\,H + O\left(\frac{H^2}{\sqrt[4]{N^3}\mathcal{L}^3}\right). \qquad (3.13)$$

Estimativa da integral $I(\mathfrak{M}_2)$. Nós temos

$$I(\mathfrak{M}_1) = \int_{\mathfrak{m}} S_1^2(\alpha; N, H)T_1(\alpha; N, H)e(-\alpha N)d\alpha.$$

Passando para as estimativas, encontramos

$$I(\mathfrak{M}_1) \ll \max_{\alpha \in \mathfrak{m}}|T_1(\alpha, N, H)| \int_0^1 |S_1(\alpha; N, H)|^2 d\alpha =$$

$$= \max_{\alpha \in \mathfrak{M}_1}|T_1(\alpha, N, H)| \int_0^1 S_1(\alpha; N, H)\overline{S_1(\alpha; N, H)}d\alpha =$$

$$= \max_{\alpha \in \mathfrak{M}_1}|T_1(\alpha, N, H)| \sum_{|p-N/3|\leq H} 1 =$$

$$= \max_{\alpha \in \mathfrak{M}_1}|T_1(\alpha, N, H)| \left(\pi\left(\frac{N}{3}+H\right) - \pi\left(\frac{N}{3}-H\right)\right).$$

o Lema 2 ao lado direito da fórmula resultante, levando em consideração a relação , encontramos $y \gg x^{\frac{11}{12}}\mathcal{L}^{\frac{40}{3}} \geq x^{\frac{7}{12}+\varepsilon}$

$$I(\mathfrak{M}_1) \ll \frac{H}{\mathcal{L}} \cdot \max_{\alpha \in \mathfrak{M}_2}|T_1(\alpha, N, H)|. \qquad (3.14)$$

Se $\alpha \in \mathfrak{M}_2$ então

$$\alpha = \frac{a}{q} + \lambda, \qquad (a, q) = 1, \qquad \frac{\mathcal{L}^2}{H} < |\lambda| \leq \frac{1}{q\tau}, \qquad 1 \leq q \leq \mathcal{L}^{40}.$$

Vamos estimar $T_1(\alpha, N, H)$ a α partir do conjunto $\mathfrak{M}_2$. De acordo com a relação (??), temos

$$T_1(\alpha; N, H) = T(\alpha; N_1 + H_1, 2H_1) + O(H^2 N^{-7/4}), \qquad (3.15)$$

$$N_1 = \sqrt[4]{\frac{N}{3}}, \qquad H_1 = \frac{H}{4\sqrt[4]{(N/3)^3}}.$$

Vamos estimar $T(\alpha, N_1 + H_1, 2H_1)$ a α partir do conjunto $\mathfrak{M}_2$. Vamos considerar dois casos possíveis:

$$1\ \frac{\mathcal{L}^2}{H} < |\lambda| \leq \frac{1}{8q(N_1+H_1)^3}.;$$

2. $\dfrac{1}{8q(N_1+H_1)^3} < |\lambda| \le \dfrac{1}{q\tau}.$

Caso 1. Anteriormente, ao calcular a integral, $I(\mathfrak{M}_1)$mostramos que

$$\tau = \frac{16H}{\sqrt[4]{N}} > 24(N_1 + H_1)^2 \cdot 2H_1.$$

Consequentemente, neste caso, para a soma $T(\alpha; N_1 + H_1, 2H_1)$e $\alpha \in \mathfrak{M}_2$, a condição do Corolário 2 do Teorema 2 é satisfeita. De acordo com o corolário, temos.

$$T(\alpha, N_1 + H_1, 2H_1) = \frac{2H_1}{q} S(a, q)\gamma(\lambda; N_1 + H_1, 2H_1) + O(q^{1/2+\varepsilon}).$$

$$(3.16)$$

Aplicar para estimar a integral

$$\gamma(\lambda; N_1 + H_1, 2H_1) = \int_{-0.5}^{0.5} e(\lambda(N_1 + 2H_1u)^4)du$$

Lema 1, assumindo $f(u) = \lambda(N_1 + 2H_1u)^4$. A derivada de segunda ordem $f''(u) = 48\lambda H_1^2(N_1 + 2H_1u)^2$não muda de sinal, portanto, a derivada de primeira ordem $f'(u) = 8\lambda H_1(N_1 + 2H_1u)^3$é uma função monotônica e satisfaz a desigualdade

$$|f'(u)| \ge 8|\lambda|H_1(N_1 - H_1)^3 = 8|\lambda|H_1(N_1^3 - 3N_1^2H_1 +$$

$$3N_1H_1^2 - H_1^3) >$$

$$> 8|\lambda|(N_1^3H_1 - 3N_1^2H_1^2 - H_1^4) =$$

$$= 6|\lambda| \left(\sqrt[4]{(N/3)^3} \cdot \frac{H}{4\sqrt[4]{(N/3)^3}} - 3\sqrt[4]{(N/3)^2} \cdot \frac{H^2}{16\sqrt[4]{(N/3)^6}} - \right.$$

$$\left. \frac{H^4}{4\sqrt[4]{(N/3)^{12}}} \right) =$$

$$= 6|\lambda| \left(\frac{H}{4} - \frac{9H^2}{16N} - \frac{27H^4}{4N^3} \right) = \frac{3|\lambda|H}{2} \left(1 - \frac{9H}{4N} - \frac{27H^3}{N^3} \right) > |\lambda|H \ge$$

$\mathcal{L}^2.$

Portanto, de acordo com o Lema 1, para $m = \mathcal{L}^2$e $M = 1$encontramos

$$|\gamma(\lambda; N_1 + H_1, 2H_1)| \le \mathcal{L}^{-2}.$$

Portanto, passando para estimativas em (??) e usando o Lema 1 na estimativa da soma trigonométrica racional completa $S(a, q)$, encontramos

$$|T(\alpha, N_1 + H_1, 2H_1)| \ll \frac{H_1|S(a,q)||\gamma(\lambda; N_1 + H_1, 2H_1)|}{q} + q^{\frac{1}{2}+\varepsilon} \ll$$

$$\ll \frac{H}{q^{1/4}\sqrt[4]{N^3 \mathcal{L}^2}} + \mathcal{L}^{20+40\varepsilon} \ll \frac{H}{\sqrt[4]{N^3 \mathcal{L}^2}} + \mathcal{L}^{21} \ll \frac{H}{\sqrt[4]{N^3 \mathcal{L}^2}}. \quad (3.17)$$

Caso 2. Neste caso, ou seja, quando

$$\frac{1}{8q(N_1 + H_1)^3} < |\lambda| \le \frac{1}{q\tau},$$

de acordo com o Corolário 2 do Teorema 2, para $x = N_1 + H_1$,,, $y = 2H_1$ temos

$$T(\alpha, N_1 + H_1, 2H_1) \ll q^{\frac{3}{4}}\ln q + \min_{2 \le k \le 4}\left(H_1 q^{-\frac{1}{4}}, (N_1 +$$

$$H_1)^{1-\frac{1}{k}}q^{\frac{1}{k}-\frac{1}{4}}\right) \le$$

$$\le q^{\frac{3}{4}}\ln q + (N_1 + H_1)^{\frac{1}{2}}q^{\frac{1}{2}} \ll$$

$$\ll \mathcal{L}^{30}\ln\mathcal{L} + \left(\sqrt[4]{\frac{N}{3}} + \frac{H}{4\sqrt[4]{(N/3)^3}}\right)^{\frac{1}{2}}\mathcal{L}^{20} \ll$$

$$\ll \mathcal{L}^{30}\ln\mathcal{L} + \left(N^{\frac{1}{4}} + N^{\frac{1}{6}}\mathcal{L}^{\frac{40}{3}}\right)^{\frac{1}{2}}\mathcal{L}^{20} \ll N^{\frac{1}{8}}\mathcal{L}^{20} =$$

$$= \frac{H}{\sqrt[4]{N^3 \mathcal{L}^2}} \cdot \frac{N^{\frac{7}{8}}\mathcal{L}^{22}}{H} \le \frac{H}{\sqrt[4]{N^3 \mathcal{L}^2}}.$$

A partir daqui e da estimativa (3.17), tendo em conta a relação (??) para todos $\alpha \in \mathfrak{M}_2$, obtemos

$$|T_1(\alpha; N, H)| \ll |T(\alpha; N_1 + H_1, 2H_1)| + H^2 N^{-7/4} \ll$$

$$\ll \frac{H}{\sqrt[4]{N^3 \mathcal{L}^2}}\left(1 + \frac{H\mathcal{L}^2}{N}\right) \ll \frac{H}{\sqrt[4]{N^3 \mathcal{L}^2}}.$$

Substituindo a estimativa resultante para $|T_1(\alpha; N, H)$, $\alpha \in \mathfrak{M}_2$, em (??), obtemos

$$I(\mathfrak{M}_2) \ll \frac{H}{\mathcal{L}} \cdot \max_{\alpha \in \mathfrak{M}_2}|T_1(\alpha, N, H)| \ll \frac{H^2}{\sqrt[4]{N^4 \mathcal{L}^3}}.$$

Estimativa da integral $I(\mathfrak{m})$. Nós temos

$$I(\mathfrak{m}) = \int_{\mathfrak{m}} S_1^2(\alpha; N, H) T_1(\alpha; N, H) e(-\alpha N) d\alpha.$$

Passando para as estimativas, encontramos

$$I(\mathfrak{m}) \ll \max_{\alpha \in \mathfrak{m}} |T_1(\alpha, N, H)| \int_0^1 |S_1(\alpha; N, H)|^2 d\alpha =$$

$$= \max_{\alpha \in \mathfrak{m}} |T_1(\alpha, N, H)| \int_0^1 S_1(\alpha; N, H) \overline{S_1(\alpha; N, H)} d\alpha =$$

$$= \max_{\alpha \in \mathfrak{m}} |T_1(\alpha, N, H)| \sum_{|p - N/3| \leq H} 1 =$$

$$= \max_{\alpha \in \mathfrak{m}} |T_1(\alpha, N, H)| \left(\pi \left(\frac{N}{3} + H \right) - \pi \left(\frac{N}{3} - H \right) \right).$$

o Lema 2 ao lado direito da fórmula resultante, levando em consideração a relação , encontramos $y \gg x^{\frac{11}{12}} \mathcal{L}^{\frac{40}{3}} \geq x^{\frac{7}{12}+\varepsilon}$

$$I(\mathfrak{m}) \ll \frac{H}{\mathcal{L}} \cdot \max_{\alpha \in \mathfrak{M}_2} |T_1(\alpha, N, H)|. \tag{3.18}$$

Se $\alpha \in \mathfrak{m}$ então

$$\alpha = \frac{a}{q} + \lambda, \qquad (a, q) = 1, \qquad |\lambda| \leq \frac{1}{q\tau}, \qquad \mathcal{L}^{40} \leq q \leq \tau.$$

Vamos estimar $T_1(\alpha, N, H)$ a α partir do conjunto $\mathfrak{m}$. Lembre-se de que as somas $T_1(\alpha; N, H)$ e $T(\alpha; N_1 + H_1, 2H_1)$ estão relacionadas entre si pela fórmula

$$T_1(\alpha; N, H) = T(\alpha; N_1 + H_1, 2H_1) + O(H^2 N^{-\frac{7}{4}}), \tag{3.19}$$

$$N_1 = \sqrt[4]{\frac{N}{3}}, \qquad\qquad H_1 = \frac{H}{4 \sqrt[4]{(N/3)^3}}.$$

Usando $T(\alpha; N_1 + H_1, 2H_1)$ o Teorema 3 e a condição para a soma

$$\mathcal{L}^{40} < q \leq \tau = 16 H N^{-\frac{1}{4}},$$

nós achamos

$$T(\alpha; N_1, +H_1, 2H_1) \ll H_1 \left(q^{-\frac{1}{16}} + H_1^{-\frac{1}{16}} \ln^{\frac{1}{16}} q + \right.$$

$$\left. H_1^{-\frac{1}{4}} q^{\frac{1}{16}} \ln^{\frac{1}{16}} q \right) (\ln H_1)^{\frac{7}{16}} \ll$$

$$\ll \frac{H}{\sqrt[4]{N^3}} \left(\mathcal{L}^{-\frac{5}{2}} + \left(\frac{H}{\sqrt[4]{N^3}} \right)^{-\frac{1}{16}} \mathcal{L}^{\frac{1}{16}} + \left(\frac{H}{\sqrt[4]{N^3}} \right)^{-\frac{1}{4}} \left(\frac{H}{\sqrt[4]{N}} \right)^{\frac{1}{16}} \mathcal{L}^{\frac{1}{16}} \right) \mathcal{L}^{\frac{7}{16}} =$$

$$= \frac{H}{\sqrt[4]{N^3}} \left(\mathcal{L}^{-\frac{33}{16}} + \left(\frac{H}{\sqrt[4]{N^3}} \right)^{-\frac{1}{16}} \mathcal{L}^{\frac{1}{2}} + \left(\frac{N^{\frac{11}{12}}}{H} \right)^{\frac{3}{16}} \mathcal{L}^{\frac{1}{2}} \right) =$$

$$= \frac{H}{\sqrt[4]{N^3}} \left(\mathcal{L}^{-\frac{33}{16}} + \left(\frac{N^{\frac{11}{12}} \mathcal{L}^{\frac{40}{3}}}{\sqrt[4]{N^3}} \right)^{-\frac{1}{16}} \mathcal{L}^{\frac{1}{2}} + \left(\frac{N^{\frac{11}{12}}}{N^{\frac{11}{12}} \mathcal{L}^{\frac{40}{3}}} \right)^{\frac{3}{16}} \mathcal{L}^{\frac{1}{2}} \right) =$$

$$= \frac{H}{\sqrt[4]{N^3}} \left(\mathcal{L}^{-\frac{33}{16}} + N^{-\frac{1}{96}} \mathcal{L}^{-\frac{1}{3}} + \mathcal{L}^{-2} \right) \ll \frac{H}{\sqrt[4]{N^3} \mathcal{L}^2}.$$

A partir daqui e de (??), obtemos

$$|T_1(\alpha; N, H)| \ll |T(\alpha; N_1 + H_1, 2H_1)| + \frac{H^2}{N^{\frac{7}{4}}} \ll \frac{H}{\sqrt[4]{N^3} \mathcal{L}^2} + \frac{H^2}{N^{\frac{7}{4}}} =$$

$$= \frac{H}{\sqrt[4]{N^3} \mathcal{L}^2} \left(1 + \frac{H}{N} \right) \ll \frac{H}{\sqrt[4]{N^3} \mathcal{L}^2}.$$

Substituindo a estimativa resultante para $|T_1(\alpha; N, H)|$, $\alpha \in \mathfrak{m}$, em (??), obtemos

$$I(\mathfrak{m}) \ll \frac{H}{\mathcal{L}} \cdot \max_{\alpha \in \mathfrak{M}_2} |T_1(\alpha, N, H)| \ll \frac{H^2}{\sqrt[4]{N^4} \mathcal{L}^3}.$$

O teorema foi provado.

<u>Conclusão</u>

Os principais resultados da tese são novos, são apoiados por evidências detalhadas e são os seguintes:

- foi estudado o comportamento de somas trigonométricas curtas de G. Weyl em grandes arcos;
- foi encontrada uma estimativa não trivial para somas trigonométricas curtas de Weyl de quarta ordem em pequenos arcos;
- foi comprovada uma fórmula assintótica para o número de representações de um número natural suficientemente grande na forma de uma soma de três termos quase iguais, dois dos quais são números primos e o terceiro é a quarta potência do número natural.

Os resultados obtidos na dissertação são de natureza teórica; seus resultados e a metodologia para sua obtenção podem ser utilizados por especialistas na área de teoria analítica dos números.

Literatura

[1] Vinogradov I.M. Trabalhos selecionados / I.M. Vinogradov //Moscou: Editora da Academia de Ciências da URSS. 1952.

[2] Haselgrove CB Alguns teoremas na teoria analítica dos números / CBHaselgrove // J. London Math. – Pág. 273 – 277.

[3] Estatulyavichus V.A. Sobre a representação de números ímpares pela soma de três números primos quase iguais / V.A. Statulyavichus // Vilnius, Trabalhos científicos da universidade. Ser. tapete, física e química. n., 3 (1955). – P. 5 – 23.

[4] Jia Chaohua Teorema dos três primos em um curto intervalo (II) / Chaohua Jia // Simpósio internacional em memória de Hua Loo Keng, Science Press e Springer-Verlag, Berlim, 1991. – P. 103 – 115.

[5] Jia Chaohua Teorema dos três primos em um intervalo curto (V) / Chaohua Jia // Acta Math. Sin., Nova Série, 2 (1991). – Pág. 135 – 170.

[6] Jia Chaohua Teorema dos três primos em um intervalo curto (VII) / Chaohua Jia // Acta Math. Sin., Nova Série, 10 (1994). – Pág. 369 – 387.

[7] Jia Chaohua Teorema dos três primos em um intervalo curto (VII) / Chaohua Jia // Acta Math. Sinica 4(1994). – P. 464 – 473, chinês.

[8] Pan Cheng-dong Sobre estimativas de somas trigonométricas sobre números primos em intervalos curtos (III) / Pan Cheng-dong, Pan

Cheng-biao // Chinese Ann. de Matemática., 2 (1990). – P. 138 – 147.

[9] Zhan Tao Sobre a representação de números inteiros ímpares grandes como uma soma de três primos quase iguais / T.Zhan // Acta Math Sinica, nova ser., 7 (1991), No.

[10] Jia Chao-hua Teorema dos três primos em um intervalo curto (VII) / Jia Chao-hua // Acta Mathematica Sinica, New Series 1994. V. 10, 4. – P. 369 – 387.

[11] JY Liu. Sobre somas de cinco quadrados primos quase iguais / JY Liu, T. Zhan // Acta Arithmetica, 1996, 77:. – Pág. 369 – 383

[12] JY Liu. Sobre somas de cinco quadrados primos quase iguais (II) / JY Liu, T. Zhan // Sci China, 1998, 41:. – Pág. 710 – 722

[13] JY Liu. Estimativa de somas exponenciais sobre números primos em intervalos curtos I / JY Liu, T. Zhan // Mh Math, 1999, 127:. – P. 27 – 41

[14] JY Liu. Teorema de Hua sobre quadrados primos em intervalos curtos / JY Liu, T. Zhan // Acta Mathematica Sinica, English Series Out., 2000, Vol.16, No. 4. – P. 669 – 690.

[15] Hua LK Alguns resultados na teoria aditiva dos números primos / LKHua // Quart J Math (Oxford). 1938. V. 9, nº 1. – Pág. 68 –- 80.

[16] Kumchev A V. Sobre somas de Weyl sobre primos em intervalos curtos / AVKumchev // "Arithmetic in Shangrila" - Anais do 6º

Seminário China-Japão sobre Teoria dos Números. Série sobre Teoria dos Números e suas aplicações. 2012. V. 9. Singapura: World Scientific.. – P. 116–131.

[17] *Yao Y.* Somas de nove cubos primos quase iguais // Frontiers of Mathematics in China. Outubro de 2014. V. 9, Is. 5. – P. 1131 – 1140. DOI:10.1007/s11464-014-0384-4.

[18] Rakhmonov Z.Kh. Problema ternário de Esterman com termos quase iguais / Z.Kh.Rakhmonov // Notas matemáticas. 2003. – T. 74. edição. 4. – pp. 564 – 572.

[19] Rakhmonov Z.Kh. Somas trigonométricas quadráticas curtas de Weyl / Z.Kh. Rakhmonov, J.A. Shokamolova // Notícias da Academia de Ciências da República do Tajiquistão. Departamento de ciências físicas, matemáticas, químicas, geológicas e técnicas. 2009. 2(135). – Pág. 7 – 18.

[20] Rakhmonov Z.Kh. Problema cúbico de Esterman com termos quase iguais / Z.Kh.Rakhmonov // Notas matemáticas. 2014. – T. 95. edição. 3. – P. 445 – 456.

[21] Rakhmonov Z.Kh. Sobre estimativas de somas cúbicas curtas por G. Weyl / Z. Kh. Rakhmonov, K. I. Mirzoabdugafurov // Relatórios da Academia de Ciências da República do Tajiquistão. 2008. – T. 51. 1. pp.

[22] Rakhmonov Z.Kh. Estimativa de somas trigonométricas curtas de G. Weyl do quarto grau / Z.Kh.Rakhmonov, A.Z.Azamov, K.I.Mirzoabdugafurov // Relatórios da Academia de Ciências da República do Tajiquistão. 2010. – T. 53. 10. – P. 737 – 744.

[23] Shokamolova J.A. Fórmula assintótica no problema de Esterman com termos quase iguais / J.A. Shokamolova // Relatórios da Academia de Ciências da República do Tajiquistão, 2010. – T. 53, 5. – P. 325-332.

[24] Rakhmonov Z.Kh. Sobre um problema ternário com termos quase iguais / Z.Kh.Rakhmonov, D.M.Fozilova // Relatórios da Academia de Ciências da República do Tajiquistão. 2012. – T. 55. 6. – P. 433 – 440.

[25] Rakhmonov Z.Kh. O problema de Waring para cubos com termos quase iguais / Z.Kh.Rakhmonov, K.I.Mirzoabdugafurov // Relatórios da Academia de Ciências da República do Tajiquistão, 2008. – T. 51. 2. – P. 83 – 86.

[26] Rakhmonov Z.Kh. Fórmula assintótica no problema de Waring para quartas potências com termos quase iguais / Z.Kh.Rakhmonov, A.Z.Azamov // Relatórios da Academia de Ciências da República do Tajiquistão. 2011. – T. 54. 3. – P. 34 – 42.

[27] Rakhmonov Z.Kh. O problema de Waring para quintas potências com termos quase iguais / Z.Kh.Rakhmonov, N.N.Nazrubloev // Relatórios da Academia de Ciências da República do Tajiquistão. 2014. – T. 57. 11 – 12. – P. 823 – 830.

[28] Fatkina S.Yu. Sobre uma generalização do problema ternário de Goldbach para termos quase iguais / S.Yu. episódio 1, matemática. Mecânica. 2001.2

[29] Rakhmonov P.Z. Somas curtas com potência não inteira de um número natural / P.Z. 2014. – T. 95. 5. – P. 763 – 774.

[30] Rakhmonov P.Z. Problema ternário generalizado de Esterman para potências não inteiras com termos quase iguais / P.Z. 2016. –T . 100.3.-S. 410 – 420.

[31] Vaughan RC Algumas observações em somas de Weyl / RCVaughan // Coll. Matemática. Soc. Janos. Bolyani, Budapeste 1981.

[32] Rakhmonov Z. X. Nota curto trigonométrico valores G. Veilya / Z. X. Rakhmonov , N. B. Ozodbekova // Relatórios Academia ciências República Tajiquistão . 2011. – T. 54. 4. – P. 257 – 264.

[33] Rakhmonov Z.Kh. Somas trigonométricas curtas de G. Weyl / .Kh. Rakhmonov // Notas científicas da Universidade Oryol. Série ciências naturais, técnicas e médicas. 2013. 6. parte 2. – P. 194 – 203.

[34] Karatsuba A.A. Teorema sobre a substituição de uma soma trigonométrica por uma mais curta / A.A. Karatsuba, M.A. Korolev // Izvestia da Academia Russa de Ciências, série matemática. – T. 71. 2. – P. 123 – 150.

[35] Arkhipov G.I. Teoria das múltiplas somas trigonométricas / G.I. Arkhipov, A.A. - M.: Nauka, 1987, 368 p.

[36] Hua Lo-Gen O método das somas trigonométricas e sua aplicação na teoria dos números / Hua Lo-Gen // - M.: Mir, 1964, 190 p.

[37] Estermann T. Prova de que todo número inteiro grande é a soma de dois primos e quadrados/ T.Estermann // Proc. Matemática de Londres. – Pág. 501 – 516.

[38] Karatsuba A.A. Fundamentos da teoria analítica dos números./ A.A. Karatsuba // 2ª ed., M.: Nauka, 1983.

[39] Vinogradov I.M. Método de somas trigonométricas na teoria dos números / I.M. Vinogradov // - M.: Nauka. 1980. 144 pág .

[40] Vaughan RC Sobre o problema de Waring para cubos / RCVaughan // J. Reine Angew. Matemática., 1986, 365, – P. 122 – 170.

[41] Weil A. Em algumas somas exponenciais / A.Weil // Proc. Nat. Acad. Sci., EUA, 1948, 34, 5. —— P. 204 —— 207.

[42] Huxley MN. Sobre as diferenças entre primos consecutivos / M.N.Huxley // Invent. matemática. 15. (1972). – P. 164 – 170.

[43] Rakhmonov Z.Kh. Somas trigonométricas lineares curtas com números primos / Z.Kh.Rakhmonov // Relatórios da Academia de Ciências da República do Tajiquistão. 2000. – T. 43. 3. – P. 27 – 40.

[44] Whittaker E.T. Curso de análise moderna, parte 1. Operações básicas de análise / E.T. Whittaker, J.N. 2º. Trad. do inglês, Fizmatgiz, M., 1963.

[45] Rakhimov A.O. Fórmula assintótica no problema de Esterman de quarto grau com termos quase iguais / A.O. 2015. – T. 58. 9. – P. 769 – 771.

[46] Rakhimov A.O. Estimativa de somas trigonométricas curtas de G. Wweil de quarta ordem em pequenos arcos / A.O. Rakhimov // Relatórios da Academia de Ciências da República do Tajiquistão. 2015. – T. 58. 8. – P. 674 – 677.

[47] Rakhimov A.O. Pequenas somas de G. Weyl e suas aplicações / A.O. Rakhimov, N.N. Nazrubloev, Z.Kh. 2015. – T. 16. V. 1(53). – P. 232 – 247.

[48]Rakhimov A.O. Somas trigonométricas curtas de G. Weyl em um conjunto de pontos da primeira classe / A.O. Rakhimov, N.N.Nazrubloev // Relatórios da Academia de Ciências da República do Tajiquistão. 2014. – T. 57. 8. – P. 621 – 628.

[49] Rakhimov A.O. Sobre um problema aditivo com termos quase iguais / A.O. Rakhimov, F.Z. Rakhmonov // Pesquisa em álgebra, teoria dos números, análise funcional e questões relacionadas. ISSN: 1810-4134. 2016. 8. – P. 87 – 89.

[50] Rakhimov A.O. Sobre um problema aditivo com termos quase iguais / A.O. Rakhimov, F.Z. Rakhmonov // Materiais da conferência científica internacional "Problemas modernos de matemática e suas aplicações", dedicada ao 25º aniversário da independência do Estado da República do Tajiquistão. Dushanbe, 3 a 4 de junho de 2016 – pp.

[51] Rakhimov A.O. Somas trigonométricas curtas de G. Weyl em um conjunto de pontos da primeira classe / A.O. Rakhimov, N.N. Nazrubloev // Na coleção: Álgebra, teoria dos números e geometria

discreta: problemas modernos e aplicações. Materiais da XIII Conferência Internacional dedicada ao octogésimo quinto aniversário do nascimento do Professor Sergei Sergeevich Ryshkov. Universidade Pedagógica do Estado de Tula em homenagem. L. N. Tolstoi. 2015. – P. 245 – 246.

[52] Rakhimov A.O. Sobre somas trigonométricas curtas por G. Weil / A.O. Rakhimov // Materiais da conferência científica internacional "Análise matemática, equações diferenciais e teoria dos números" dedicada ao 75º aniversário do Professor T.S. Sabirova, Dushanbe, 29 a 30 de outubro de 2015. – pp.

[53] Rakhimov A.O. Estimativa de somas trinométricas curtas de G. Weyl de quarta ordem em pequenos arcos. / A.O. Rakhimov // Materiais da conferência científica internacional "Problemas modernos de matemática e suas aplicações", Dushanbe, 30 a 31 de maio de 2024. – P. 148-150.

Printed by Books on Demand GmbH, Norderstedt / Germany